普通高等教育"十二五"规划教材

SHUZI DIANZI JISHU XUEXI ZHIDAOSHU

数字电子技术学习指导书

主编　任文霞

编写　吕文哲　张　敏　高观望　李　卿

U0341885

中国电力出版社
CHINA ELECTRIC POWER PRESS

内 容 简 介

本书为高观望主编的《数字电子技术基础》的配套学习辅导，全书共十章。按照知识点的不同，又把每章分为几个课题，每个课题均按内容提要、典型例题、自测题和习题精选四个方面进行编写，为便于学生自学和复习，书末安排了附录，包括五份考试试题、答案以及部分自测题答案，供全日制本科学生自我检测。

全书是编者在多年数字电子技术基础课程教学实践基础上的总结，内容简明扼要，许多问题的阐述是针对教学过程中学生容易出现的错误而编排的。解题注重阐述方法、应用，部分例题和习题突出解题思路。

本书不仅可供学习数字电子技术基础课程的本、专科学生自学、复习时使用，也可供报考电气、自动化等专业硕士研究生的人员参考。

图书在版编目（CIP）数据

数字电子技术学习指导书/任文霞主编 . —北京：中国电力出版社，2017.2

普通高等教育"十二五"规划教材

ISBN 978 - 7 - 5123 - 8508 - 5

Ⅰ. ①数… Ⅱ. ①任… Ⅲ. ①数字电路-电子技术-高等学校-教学参考资料 Ⅳ. ①TN79

中国版本图书馆 CIP 数据核字（2016）第 261755 号

中国电力出版社出版、发行

（北京市东城区北京站西街 19 号 100005 http://www.cepp.sgcc.com.cn）

汇鑫印务有限公司印刷

各地新华书店经售

＊

2017 年 2 月第一版 2017 年 2 月北京第一次印刷

787 毫米×1092 毫米 16 开本 13.25 印张 323 千字

定价 25.00 元

前　言

　　本书是为了满足高等学校数字电子技术基础课程学习需要而编写的辅导教材，内容符合教育部制定的数字电子技术基础课程教学大纲的要求。

　　全书共分为十章：数字电子技术概述、逻辑代数基础、门电路、组合逻辑电路、触发器、时序逻辑电路、半导体存储器、可编程逻辑器件、脉冲信号的产生与整形和数模与模数转换器。为了便于同学们自学和复习，本书每章按照知识点分为几个课题，每个课题分为四部分：

　　(1) 内容提要：讲述每个课题的重点内容。

　　(2) 典型例题：详细分析并求解典型例题。

　　(3) 自测题：便于大家自我检测。

　　(4) 习题精选：针对重点内容进行深层次的练习。

　　每一章精选的题目包括部分院校往年的研究生入学考试初试试题，利于大家复习和提高。附录给出了部分自测题答案和五套样题，供大家参考。

　　本书力求做到选材适当，论述清晰，并遵循由易到难、从简到繁、循序渐进的原则。本书可适应多层次的需要，可作为高等学校电类专业本科（或专科）学生的数字电子技术基础的自学指导和教师的习题课辅导材料，也可作为研究生入学考试的复习参考书，还可作为其他相关专业技术人员学习参考用书。

　　本书由任文霞主编并负责统稿，任文霞编写了第五、六章，高观望编写了第七、八章，吕文哲编写了第九、十章，张敏编写了第三、四章，李卿编写了第一、二章。全书由河北科技大学张会莉副教授主审，她提出了许多宝贵的改进意见和建议，在编写本书的过程中，还得到了王彦明、王计花、曲国明、岳永哲、张凤凌和高妙等老师的大力支持和帮助，在此一并表示感谢。

　　鉴于编者水平有限，书中错误或不当之处，恳请读者批评指正。

编　者

2015 年 6 月于石家庄

目　　录

第一章 数字电子技术概述

重点：常用数制的表示；不同数制之间的转换；编码的含义及表示方法；原码、反码补码的表示；二进制数的位数与所要表示的信息之间的关系等。

难点：不同数制之间的转换；各种编码与十进制数的转换；正、负数原码、反码、补码的表示方法。

要求：熟练掌握以下基本知识点：不同数制之间的转换；各种编码与十进制数之间的转换；正、负数原码、反码、补码的表示方法及机器数与真值之间的转换；二进制数的位数与所要表示的信息的之间关系。

课题一 数制的基本概念

 内容提要

一、常用数制

①十进制（Decimal）；②二进制（Binary）；③八进制（Octal）；④十六进制（Hexadecimal）。

描述进位计数制有三要素：数码、基数、位权。

任意一个 N 进制数 D 都可表示为

$$(D)_N = \sum K_i N^i \tag{1-1}$$

式中，N 为计数制中的基数；K_i 为一组 N 进制数第 i 位的数码；N^i 为第 i 位的位权；i 为一组 N 进制数的位数。

数码 K：组成各种数制的数字符号。

基数 N：某种数制中所用到数字符号的个数。在基数为 N 的数制中，包含数码的个数为 0，1，2，3，…，$N-1$ 共 N 个数字符号，进位的规律是"逢 N 进一"，"借一当 N"，称为 N 进制。十进制基数 $N=10$；二进制基数 $N=2$；八进制基数 $N=8$；十六进制基数 $N=16$。

位权 N^i：用来说明一组数码在不同数位上数码数值的大小，是一个以 N 为基数的固定常数。不同数位有不同位权，任何一组数码，每位数码值的大小等于该位的数码乘以该位的位权值。N 进制数的位权是 N 的整数次幂。

二、数制间的转换

1. 任意进制数转换成十进制

任意 R 进制数转换成十进制数需按式（1-1）权展开相加法，将 R 进制数写成 R 的各

次幂之和形式，然后按十进制计算方法求得结果。

2. 十进制数转换成任意进制

十进制数转为任意 R 进制，将十进制数整数部分和小数部分，分别进行转换，然后将两部分结果相加即可得到 R 进制数值。转换基本规则：整数——除以基数取余数倒序法；小数——乘以基数取整数正序法。

3. 二、八、十六进制之间的转换

二、八、十六进制之间的转换，按位进行，三位二进制数对应一位八进制数，四位二进制数对应一位十六进制数，分别对应转换。

4. 八进制转十六进制

八进制转十六进制，借助二进制进行转换。

 典型例题

【例 1-1】　将下面给出的运算式的运算结果，用十进制数表示。

(1) $(10111.101)_2 + (45)_{10}$　　(2) $(143.65)_8 + (36)_{10}$　　(3) $(FDE)_{16} + (47)_{10}$

解　(1) 根据式 (1-1) 可得到

$$(10111.101)_2 = 1 \times 2^4 + 0 \times 2^3 + 1 \times 2^2 + 1 \times 2^1 + 1 \times 2^0 + 1 \times 2^{-1} + 0 \times 2^{-2} + 1 \times 2^{-3}$$
$$= 16 + 0 + 4 + 2 + 1 + 0.5 + 0 + 0.125$$
$$= (23.625)_{10}$$

$$(23.625)_{10} + (45)_{10} = (68.625)_{10}$$

(2) 根据式 (1-1) 可得到

$$(143.65)_8 = 1 \times 8^2 + 4 \times 8^1 + 3 \times 8^0 + 6 \times 8^{-1} + 5 \times 8^{-2}$$
$$= 64 + 32 + 3 + 0.75 + 0.078125$$
$$= (99.828125)_{10}$$

$$(99.828125)_{10} + (36)_{10} = (135.828125)$$

(3) 根据式 (1-1) 可得到

$$(FDE)_{16} = 15 \times 16^2 + 13 \times 16^1 + 14 \times 16^0$$
$$= 3840 + 208 + 14$$
$$= (4062)_{10}$$

$$(4062)_{10} + (47)_{10} = (4109)_{10}$$

【解题指导与点评】　两数运算时必须将数制统一，尽量统一为熟悉的数制再进行运算。本题考点：任意进制转十进制的解题方法和步骤，公式 $(D)_N = \sum K_i N^i$ 的含义。

【例 1-2】　将十进制数 $(2003.3125)_{10}$ 转为等值二进制数。要求小数部分保留 4 位有效数字。

解　① 首先对整数部分 $(2003)_{10}$ 进行转换

整数部分　$(2003)_{10} = (7D3)_{16} = (11111010011)_2$

② 对小数部分　$(0.3125)_{10}$ 进行转换

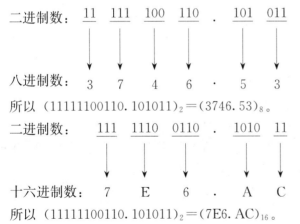

小数部分　$(0.3125)_{10} = (0.0101)_2$

最后结果　$(2003.3125)_{10} = (11111010011.0101)_2$。

将整数部分的结果和小数部分的结果相加，即得到十进制 $(2003.3125)_{10}$ 对应的二进制数 $(11111010011.0101)_2$。小数部分在转换时，乘 2 取整直到积为 0，但有时得不到积为 0，这时达到要求的精度即可。

十进制转任意 R 进制的方法相同，不同的是 R 的数值不同。

【解题指导与点评】　十进制转二进制时，如果十进制数很大，可先将十进制数转为十六进制数或八进制数，然后再将十六进制数或八进制转换为二进制数，这可大大缩短计算过程。本题考点：十进制数转换成 R 进制数的解题方法和步骤。

【例 1-3】　将二进制数 $(11111100110.101011)_2$ 转换为等值的八进制数和等值的十六进制数。

解　首先对二进制数整数部分小数部分分别分组，然后再对应转换

二进制数：　<u>11</u>　<u>111</u>　<u>100</u>　<u>110</u>　.　<u>101</u>　<u>011</u>

　　　　　↓　↓　↓　↓　↓　↓

八进制数：　3　7　4　6　·　5　3

所以 $(11111100110.101011)_2 = (3746.53)_8$。

二进制数：　<u>111</u>　<u>1110</u>　<u>0110</u>　.　<u>1010</u>　<u>11</u>

　　　　　↓　↓　↓　↓　↓

十六进制数：　7　E　6　·　A　C

所以 $(11111100110.101011)_2 = (7E6.AC)_{16}$。

【解题指导与点评】　本题的考点是二、八、十六进制之间的固定关系，即 $2^3 = 8$、$2^4 = 16$。用三位二进制数表示一位八进制数。用四位二进制数表示一位十六进制数。二进制与八进制之间的转换和二进制与十六进制之间的转换按位进行。注意：在按位分组时，从小数点开始分别向左、向右分组。

【例 1-4】　八进制数、十六进制转二进制。

（1）八进制数（342.16)$_8$转为二进制数。

解 八进制数：　　　 3　 4　 2　．　1　　 6

二进制数：　　　011 100 010 ． 001　 110

所以（342.16)$_8$＝(11100010.00111)$_2$。

（2）十六进制数（4AE.98)$_{16}$转为二进制数。

解 十六进制数：4　　 A　　 E　．　9　　 8

　　 二进制数：0100　1010　1110　．　1001　1000

所以（4AE.98)$_{16}$＝(10010101110.10011)$_2$。

转换为二进制数后最高位和最低位的 0 可舍去。

【解题指导与点评】 本题的考点是二、八、十六进制之间相互按位转换的方法，将八、十六进制数转换为二进制数时，一位八进制数对应三位二进制数，一位十六进制数对应四位二进制数，但是最高位和最低位的 0 可舍去，转换时应注意具体方法。

【例 1－5】 将十六进制数（CD5.67)$_{16}$转为八进制数。

解 先将十六进制数转为二进制数，然后再将二进制数转为八进制数。

十六进制数：C　　　D　　　 5　 ．　 6　　　 7

二进制数：<u>110</u> <u>0 11</u> <u>01</u>　 <u>0 1</u> <u>01</u> ． <u>011</u> <u>0 01</u> <u>11</u>

八进制数：6　　 3　　 2　　 5　．　3　 1　　 6

所以（CD5.67)$_{16}$＝(6325.316)$_8$。

【解题指导与点评】 本题的考点是八和十六进制之间的转换。八、十六进制之间没有固定关系，不能直接转换，转换时必须借助二进制。具体方法：将要转换的八或十六进制数先转换为二进制数，然后再由二进制对应转换为十六或八进制数。

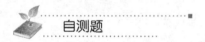 自测题

一、填空题

1. 十进制数 2008，用二进制数表示是_____。

2. 将四进制数（123)$_4$转换为等值八进制数是_____。

3. 将十二进制数（89)$_{12}$转换为等值的十六进制数是_____。

4. 一个 15 位的二进制数最大可表示的十进制数是_____。

5. 240 份不同文件需要顺序编号，如果采用二进制数最少需要_____位，如果采用八进制数最少需要_____位，如果采用十六进制数最少需要_____位。

6. 有四组不同数制表示的数分别为 A_1＝(485)$_{10}$、A_2＝(11110110)$_2$、A_3＝(567)$_8$，A_4＝(229)$_{16}$，按大小排列顺序为 _____＞_____＞_____＞_____。

二、计算题

1. 计算十进制数（234)$_{10}$与十六进制数（1AB)$_{16}$的和是多少？

2. 计算八进制数（20)$_8$与十六进制数（32)$_{16}$的差是多少？

3. 计算四进制数（22)$_4$与八进制数（12)$_8$的积是多少？

4. 计算二进制数（1010)$_2$与八进制数（24)$_8$的商是多少？

习题精选

一、写出下列各数的按权展开式

1. $(1110111.1111)_2$　　2. $(245.783)_{10}$　　3. $(674.43)_8$　　4. $(ABEF.987)_{16}$

二、选择题

1. 十进制数 $(208)_{10}$，用二进制数表示为（　　　）。

A. 10111100　　　　B. 11010000　　　　C. 11110000　　　　D. 10111101

2. 同二进制数 $(101.01011)_2$ 等值的十六进制数为（　　　）。

A. A.B　　　　　　B. 5.51　　　　　　C. A.51　　　　　　D. 5.58

3. 一百个不同信号需要用二进制数表示，二进制数的位数是（　　　）。

A. 7　　　　　　　B. 8　　　　　　　C. 6　　　　　　　D. 9

4. 十进制数 $(35)_{10}$ 用 8 位二进制数表示是（　　　）。

A. 00010011　　　　　　　　　　B. 00100011

C. 100011　　　　　　　　　　　D. 000100011

5. 八进制数 $(3765)_8$ 等值于十六进制数为（　　　）。

A. 7D6　　　　　　B. 6D7　　　　　　C. 7F5　　　　　　D. 7E5

6. 二进制数 $(111001010.1101)_2$ 等值十进制数是（　　　）。

A. $(916.8125)_{10}$　　　　　　　　B. $(404.8125)_{10}$

C. $(908.8125)_{10}$　　　　　　　　D. $(458.8125)_{10}$

三、填空题

1. 10 位二进制数可表示的最大十进制数为_____。

2. 表示 3 位十进制数至少需要的二进制数的位数是_____位。

3. 五进制数 $(342)_5$ 的等值十进制数是_____。

4. 八进制数 $(745)_8$ 的等值十六进制数是_____。

5. 二进制数 $(101101011.011)_2$ 等值八进制数是_____。

6. 同模拟信号相比，数字信号的特点是它的_____性。数字信号只有_____种状态，分别为_____状态、_____状态。

7. 常用的数制有：十进制用字母_____表示；二进制用字母_____表示；八进制用字母_____表示；十六进制用字母_____表示。

四、计算题

1. 求与 $(1CE8)_{16}$ 等值的 10 进制数。（2005 年华南理工大学攻读硕士学位研究生入学试题）

2. 将二进制数 $(101011.1011)_2$ 转换为等值的十进制数。（2009 年中国传媒大学攻读硕士学位研究生入学试题）

3. 将二进制数 $(1001100110)_2$ 转换为等值的八进制数。（2009 年中国传媒大学攻读硕士学位研究生入学试题）

4. 将八进制数 $(347)_8$ 转换为等值的十六进制数。（2009 年中国传媒大学攻读硕士学位研究生入学试题）

课题二　常见的编码及其转换

　内容提要

一、常见编码

目前常用的几种编码有自然码，二-十进制码（BCD 码）、格雷码、奇偶校验码、美国信息交换标准代码（英文字头简称 ASCII 码）。这些编码又分有权码和无权码。自然码、8421 码、5421 码、2421 码、5211 码都是有权码；余 3、余 3 循环码、格雷码、奇偶校验码、ASCII 码为无权码。

二、BCD 码与十进制数之间的转换

BCD 码又称二-十进制编码。二-十进制编码是用 4 位二进制数码表示一位十进制数码 0～9 共 10 个十进制数码的编码，4 位二进制数码从 0000～1111 不同的排列组有 16 组代码，从 16 组代码中选出 10 组代码，用来表示 0～9 这 10 个数字或 10 种不同的信息。表 1-1 中是几种常见的 BCD 码。

表 1-1　　　　　　　　　　　　几种常见的 BCD 码

十进制数	8421	2421	5211	5421	余 3 码	余 3 循环码
0	0000	0000	0000	0000	0011	0010
1	0001	0001	0001	0001	0100	0110
2	0010	0010	0100	0010	0101	0111
3	0011	0011	0101	0011	0110	0101
4	0100	0100	0111	0100	0111	0100
5	0101	0101	1000	1000	1000	1100
6	0110	0110	1001	1001	1001	1101
7	0111	0111	1100	1010	1010	1111
8	1000	1110	1101	1011	1011	1110
9	1001	1111	1111	1100	1100	1010

8421BCD 码是一种最常见的 BCD 码，它的组成是从 4 位二进制数码（即自然码 0000～1111）中取前十组数码 0000～1001 形成的，剩余 6 组为无效码，其每组代码中 1 表示的十进制数是固定不变的，所以称为有权码或恒权码。

有权 BCD 码的十进制数与二进制数码之间的关系为

$$(D)_{10} = W_3 \times b_3 + W_2 \times b_2 + W_1 \times b_1 + W_0 \times b_0 \tag{1-2}$$

式中，D 为十进制数；$W_3 \sim W_0$ 为有权码各位的系数（即 0 或 1）；$b_3 \sim b_0$ 为有权码各位的权值。

8421BCD 码的各位权值：$b_3 = 8$　$b_2 = 4$　$b_1 = 2$　$b_0 = 1$；

5421BCD 码的各位权值：$b_3=5$ $b_2=4$ $b_1=2$ $b_0=1$；

2421 BCD 码的各位权值：$b_3=2$ $b_2=4$ $b_1=2$ $b_0=1$；

5211 BCD 码的各位权值：$b_3=5$ $b_2=2$ $b_1=1$ $b_0=1$。

如果 $(W_3W_2W_1W_0)_{8421}=(1001)_{8421}$ 转换为十进制数，根据式（1-2）有

$$(D)_{10}=W_3\times b_3+W_2\times b_2+W_1\times b_1+W_0\times b_0=1\times 8+0\times 4+0\times 2+1\times 1=(9)_{10}$$

 典型例题

【例 1-6】 将十进制数 $(6357.24)_{10}$ 转换为 8421、2421、5421、5211BCD 码。

解 由表 1-1 或式（1-2）可知

(1) $(6357.24)_{10}=(0110\ 0011\ 0101\ 0111.0010\ 0100)_{8421}$

(2) $(6357.24)_{10}=(0110\ 0011\ 0101\ 0111.0010\ 0100)_{2421}$

(3) $(6357.24)_{10}=(1001\ 0011\ 0101\ 0111.0010\ 0100)_{5421}$

(4) $(6357.24)_{10}=(1010\ 0101\ 1000\ 1100.0100\ 0111)_{5211}$

【解题指导与点评】 BCD 码只能与十进制数之间直接转换，十进制数转换为 BCD 码时，必须是一位十进制数用四位二进制数表示，最高位的零和最低位的零都不能去掉。本题考点是四位 BCD 码每位 1 的含义与十进制数之间的关系。

【例 1-7】 用 8421BCD 码表示十六进制数 $(9AB)_{16}$。

解 $(9AB)_{16}=\underline{9\times 16^2}+\underline{10\times 16^1}+\underline{11\times 16^0}$

$\qquad\qquad =\ 2304\ +\ 160\ \ +\ \ 11$

$\qquad\qquad =(2475)_{10}$

$\qquad\qquad\qquad (2475)_{10}=(0010\ 0100\ 0111\ 0101)_{8421}$

$\qquad\qquad\qquad (9AB)_{16}=(0010\ 0100\ 0111\ 0101)_{8421}$

【解题指导与点评】 8421BCD 码与十六进制数之间不能直接转换，需要先将十六进制数转换为十进制数，然后再用 BCD 码表示。

【例 1-8】 将二进制数 $(11010011)_2$ 转换为余 3 码。

解 $(11010011)_2=\underline{1\times 2^7}+\underline{1\times 2^6}+\underline{0\times 2^5}+\underline{1\times 2^4}+\underline{0\times 2^3}+\underline{0\times 2^2}+\underline{1\times 2^1}+\underline{1\times 2^0}$

$\qquad\qquad\quad =\underline{128}\ +\ \underline{64}\ +\ \underline{0}\ +\ \underline{16}\ +\ \underline{0}\ +\ \underline{0}\ +\ \underline{2}\ +\ \underline{1}$

$\qquad\qquad\quad =(211)_{10}$

$\qquad\qquad (211)_{10}=(0010\ 0001\ 0001)_{8421}=(0101\ 0100\ 0100)_{余3}$

【解题指导与点评】 二进制数不能直接与余 3 码进行转换，需要将二进制数先转为十进制数，然后将十进制数转为 8421BCD 码，再由 8421BCD 码转为余 3 码。因为余 3 码是在 8421BCD 码的基础上每位码加 3（即 0011）得到的，所以先将十进制数转换为 8421BCD 码，然后再由 8421BCD 码的每组码加 0011 即可。

【例 1-9】 将 8421BCD 码 $(0110\ 0100\ 0101\ 1000)_{8421}$ 转换为二进制数。

解 $(0110\ 0100\ 0101\ 1000)_{8421}=(6458)_{10}$

$(6458)_{10}=(14472)_8=(1100100111010)_2$

【解题指导与点评】 8421BCD 码转二进制数不能直接转换，需要将 8421BCD 码先转为

十进制数，然后再由十进制数转为二进制数。转换时如果十进制数较大，为缩短计算时间可将较大的十进制数先转为十六进制数或八进制数，然后再转为二进制数。

【例 1 - 10】 两个 BCD 码（0111 1001 0101）$_{2421}$和（1100 11101010）$_{2421}$相加和是多少？

解   （0111 1001 0101）$_{2421}$＝（735）$_{10}$

（1100 11101010）$_{2421}$＝（684）$_{10}$

（735）$_{10}$＋（684）$_{10}$＝（1419）$_{10}$＝（0001 1010 0001 1111）$_{2421}$

【解题指导与点评】   BCD 码不能直接用二进制数的算术运算法则进行相加，需要先将 BCD 码转换为十进制数，然后将十进制数相加得到和的结果，最后再将十进制数和的结果转换为 BCD 码。

【例 1 - 11】   将二进制数（1101001110）$_2$转换为格雷码。

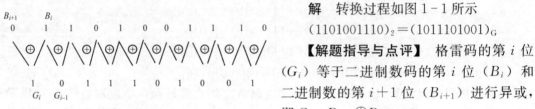

图 1-1 例 1-11 二进制数转格雷码过程图

解 转换过程如图 1-1 所示

（1101001110）$_2$＝（1011101001）$_G$

【解题指导与点评】   格雷码的第 i 位（G_i）等于二进制数码的第 i 位（B_i）和二进制数的第 $i+1$ 位（B_{i+1}）进行异或，即 $G_i = B_{i+1} \oplus B_i$。

提示：①异或 $0 \oplus 0 = 0$；$0 \oplus 1 = 1$；$1 \oplus 0 = 1$；$1 \oplus 1 = 0$。②B_i 为最高位时，$B_{i+1} = 0$。

自测题

一、写出下列 BCD 码对应的十进制数

1. （100101110110）$_{8421}$

2. （110111111100）$_{2421}$

3. （110010101011）$_{余3}$

4. （001111100111）$_{5211}$

二、将下列二进制数转为格雷码（提示：格雷码第 i 位 $G_i = B_{i+1} \oplus B_i$）

1. （11001011）$_2$

2. （10011010）$_2$

3. （11010101）$_2$

4. （11100101）$_2$

三、将下列格雷码转为二进制数（提示：二进制数第 i 位 $B_i = B_{i+1} \oplus G_i$ 由高位向低位转）

1. （10101101）$_G$

2. （11001010）$_G$

3. （11011001）$_G$

4. （10011011）$_G$

四、填空题

1. 将 8421 码（011101100100）$_{8421}$转换为二进制数是_____，转换为余 3 码是_____。

2. 有 5 组不同数码，分别为 $A_1 = $（11100000）$_{5211}$、$A_2 = $（11100000）$_2$、$A_3 = $（11000000）$_{余3}$、$A_4 = $（01110000）$_{2421}$、$A_5 = $（10111100）$_G$ 按大小顺序排列为_____＞_____＞_____＞_____＞_____。

3. 八进制数（357）$_8$转换为 8421 码是_____。

4. 十六进制数（AF）$_{16}$转换为余 3 码是_____。

5. 十进制数（95）$_{10}$转换为格雷码是_____。

6. 一个 8 位二进制数计数器，对输入脉冲进行计数，假设计数器初态为 0，问：当输入 85 个脉冲信号后，8 位二进制计数器的状态是＿＿＿＿＿＿＿＿＿＿＿。

五、计算题

1. 两个 BCD 码 $(0111\ 1001\ 0101)_{8421}$ 和 $(1100\ 11101010)_{2421}$ 相加和是多少？

2. 两个 BCD 码 $(0111\ 1001\ 0101)_{余3}$ 和 $(1100\ 11101010)_{5211}$ 相减差是多少？

3. 两个格雷码 $(1101)_G$ 和 $(1010)_G$ 相加和是多少？

4. $(1010)_2$ 和 $(1100)_2$ 相乘积是多少？

 习题精选

一、填空题

1. 将二进制数 $(1101101001)_2$ 转换为 8421BCD 码是 ＿＿＿＿＿＿＿，转换为余 3 码是＿＿＿＿＿＿＿。

2. 格雷码数 $(10101110)_G$ 转换为余 3 码是＿＿＿＿＿＿＿＿＿＿＿。

3. 将 2421BCD 码 $(110001110110)_{2421}$ 用二进制数表示为＿＿＿＿＿＿＿＿＿＿＿。

4. 8421 码 $(011101000110)_{8421}$ 对应的八进制数为＿＿＿＿＿＿＿＿＿＿＿＿＿＿＿。

5. 余 3 码 $(011101001010)_{余3}$ 对应的十六进制数为＿＿＿＿＿＿＿＿＿＿＿＿＿＿＿。

6. 5211 码 $(011101000110)_{5211}$ 对应的二进制数为＿＿＿＿＿＿＿＿＿＿＿＿＿＿＿。

7. 常见的几种 BCD 编码有 ＿＿＿＿＿、＿＿＿＿＿、＿＿＿＿＿、＿＿＿＿＿、＿＿＿＿＿、＿＿＿＿＿。这些编码又分＿＿＿＿＿＿＿码和＿＿＿＿＿＿＿码。

二、写出下列不同进制数对应的 BCD 码

1. $(5823)_{10}=($ 　　　　 $)_{8421}$　　　2. $(941)_{16}=($ 　　　　 $)_{2421}$

3. $(10111001)_2=($ 　　　　 $)_{余3}$　　　4. $(627)_8=($ 　　　　 $)_{5211}$

5. 求与 $(436)_8$ 等值的 8421BCD 码表示的数。（2005 年华南理工大学攻读硕士学位研究生入学试题）

6. 求十进制数 16 对应的 BCD 余 3 循环码。（2010 年北京邮电大学攻读硕士学位研究生入学试题）

课题三　原、反、补码的表示及转换

内容提要

为了让电路能区分二进制数的正数和负数，在二进制数的最高位多加 1 位二进制数，为符号位，加符号位后的二进制数称为机器数，机器数分原码、反码和补码。

一、原码

带符号的二进制数的原码，只需将"＋"、"－"符号用"0"、"1"表示，数值位不变。

二、反码

二进制正数的反码和原码相同。负数的反码，符号位用 1 表示，数值位各位取反即可。

三、补码

二进制正数的补码与原码相同。负数的补码，符号位用 1 表示，数值位各位取反后末位加 1 即可。

典型例题

【例 1-12】 求下列二进制数原码对应的十进制数。

(1) $(011001101)_原$　　　　(2) $(110101100)_原$

解 (1) $(011001101)_原 = (+11001101)_2 = (+205)_{10}$

(2) $(110101100)_原 = (-10101100)_2 = (-172)_{10}$

【解题指导与点评】 二进制数原码的最高位为符号位，最高位是 0 表明是正的二进制数，最高位是 1 表明是负的二进制数，最高位的以后各位按二进制转十进制的方法进行转换。

【例 1-13】 用 8 位二进制数的补码表示下列各数。

(1) $(28)_{10}$　　(2) $(-36)_{16}$　　(3) $(-54)_8$　　(4) $(01010100)_{8421}$

解 (1) $(28)_{10} = (+11100)_2$　　8 位二进制数补码是 $(00011100)_补$

(2) $(-36)_{16} = (-110110)_2$　　8 位二进制数补码是 $(11001010)_补$

(3) $(-54)_8 = (-101100)_2$　　8 位二进制数补码是 $(11010100)_补$

(4) $(01010100)_{8421} = (110110)_2$　　8 位二进制数补码是 $(00110110)_补$

【解题指导与点评】 原码、反码、补码只能与二进制数之间进行转换，不能直接与其他数制之间进行转换，所以只能先将其他数制转为二进制数，再转为原码、反码、补码。本题要求用 8 位二进制数的补码表示各不同数制的数，解题步骤是首先把每个不同数制的数，转换为 7 位二进制数，不够 7 位的在最高位补 0，然后在最高位加上 1 位符号位，就构成 8 位二进制数的原码，再将原码化成补码。二进制正数的补码与原码相同，负数的补码符号位用 1 表示，数值位各位取反之后在末位加 1（进行运算）即可得到。

自测题

一、填空题

1. 带符号的二进制数的原码，只需将"+"、"−"符号用_____、_____表示，数值位不变。

2. 二进制正数的反码和_____码相同。负数求反码时符号位用 1 表示，数值位各位_____即可得到。

3. 二进制正数的补码和_____码相同，负数求补码时符号位用 1 表示，数值位各位_____后末位加_____即可得到。

4. 二进制数（±1101001)$_2$正数的原码表示为_____，负数的补码表示为_____。

5. 有 4 组不同的机器数分别为 A_1＝(0110110)$_原$、A_2＝(0110001)$_反$、A_3＝(1000101)$_补$、A_4＝(1111001)$_补$，按大小排列的顺序为_____＞_____＞_____＞_____。

6. 十六进制数（－3F)$_{16}$的补码表示是_____，原码表示是_____。

7. 将 BCD 码（01000111)$_{8421}$用补码表示是_____，原码表示是_____。

8. 八进制数（－75)$_8$的补码表示是_____，原码表示是_____。

二、计算下列用补码表示的二进制数的代数和，和为负数求出绝对值。

1. (01001101)$_补$＋(00100110)$_补$　　2. (00110010)$_补$＋(10000011)$_补$

3. (11011101)$_补$＋(01001011)$_补$　　4. (11100111)$_补$＋(11011011)$_补$

习题精选

一、用原、反、补码表示下列各数

1. （＋11011101)$_2$　2. （－56)$_{10}$　3. （－47)$_8$　4. （－9E)$_{16}$

二、写出下列补码的十进制数

1. (101101011)$_补$　2. (011110110)$_补$　3. (110011010)$_补$　4. (010110111)$_补$

三、写出下列 BCD 码的补码

1. (110001111000)$_{余3}$　　　　2. （－011001110011)$_{8421}$

3. (110001101001)$_{5211}$　　　　4. （－101011110101)$_{2421}$

四、用二进制数的补码运算计算下列各式，并写出运算结果的补码

1. 3＋15　　2. 12－7　　3. 9－12　　4. －12－5

第二章 逻辑代数基础

重点：基本逻辑关系、复合逻辑关系；逻辑代数中的基本公式、常用公式、基本定理、基本定律；逻辑函数的四种表示方法（真值表、表达式、逻辑图、时序图形）及其转换；最大项和最小项的概念。五变量以下逻辑函数卡诺图化简法。

难点：逻辑函数的公式化简法，包含任意项的五变量以下逻辑函数卡诺图化简法。

要求：熟练掌握：逻辑函数的基本定理和定律；逻辑问题的描述；逻辑函数四种表示的转换；逻辑函数的化简及逻辑函数式的转换。

课题一 逻辑代数基本概念和分析依据

 内容提要

一、常用逻辑关系

逻辑代数中最基本的逻辑运算有三种：与、或、非逻辑运算，但是常用的逻辑运算是复合逻辑运算，有：与非、或非、与或非、同或、异或逻辑运算等。

二、基本公式、基本定理、基本定律

1. 基本公式

在解决逻辑问题时，会遇到逻辑运算，在进行逻辑运算时，应符合逻辑运算的基本规律。在基本公式（见表 2-1）中给出了变量与常量的关系及变量与变量之间的运算规律。根据这些公式可将逻辑代数化简、变形，得到最简单、最合理的逻辑代数式，从而获得最简单、最合理的逻辑电路。

表 2-1 　　　　　　　　　　逻辑代数的基本公式

序号	基本定律	基本公式	基本公式的对偶式
1	自等律	$A+0=A$	$A \cdot 1=A$
2	0-1律	$1+A=1$	$0 \cdot A=0$
3	互补律	$A+A'=1$	$A \cdot A'=0$
4	重叠律	$A+A=A$	$A \cdot A=A$
5	交换律	$A+B=B+A$	$A \cdot B=B \cdot A$
6	结合律	$(A+B)+C=A+(B+C)$	$(A \cdot B) \cdot C=A \cdot (B \cdot C)$
7	分配律	$A \cdot (B+C)=A \cdot B+A \cdot C$	$A+B \cdot C=(A+B) \cdot (A+C)$
8	德·摩根定理	$(A \cdot B)'=A'+B'$	$(A+B)'=A' \cdot B'$
9	重非律	$A''=A$	

表2-1中公式的正确性,可用真值表来证明,一个逻辑函数表达式的形式可以有多种,但是真值表是唯一的。

表2-2所列为逻辑代数常用公式及说明。

表 2-2　　　　　　　　　　**逻辑代数常用公式及说明**

序号	公　式	说　明
1	$A+AB=A$	在两个乘积项相加时,若其中一项以另一项为因子,则该项是多余的,可以删去
2	$A+A'B=A+B$	两个乘积项相加时,如果一项取反后是另一项的因子,则此因子是多余的,可以消去
3	$AB+AB'=A$	当两个乘积项相加时,若它们分别包含 B 和 B' 两个因子而其他因子相同,则两项定能合并,且可将 B 和 B' 两个因子消去
4	$A(A+B)=A$	变量 A 和包含 A 的和项相乘时,其结果等于 A,即可以将和项消掉
5	$AB+A'C+BC=A \cdot B+A' \cdot C$	若两个乘积项中分别包含 A 和 A' 两个因子,而这两个乘积项的其余因子组成第三个乘积项时,则第三个乘积项是多余的,可以消去
6	$A(A \cdot B)' = AB'$ $A'(A \cdot B)'=A'$	当 A 和一个乘积项的非相乘,且 A 为乘积项的因子,则乘积项中 A 这个因子可消去 当 A' 和一个乘积项的非相乘,且 A 为乘积项的因子时,其结果就等于 A'

这些常用公式都是从基本公式导出的结果。当然,还可以推导出更多的常用公式。

2. 基本定理

(1) 代入定理。在任何一个包含变量 A 的逻辑等式中,若以另外一个逻辑式代入式中所有 A 的位置,则等式仍然成立。

(2) 反演定理。对于任意一个逻辑式 Y,若将其中所有的"·"换成"+","+"换成"·",0 换成 1,1 换成 0,原变量换成反变量,反变量换成原变量,则得到的结果就是 Y'。

在使用反演定理时,需注意遵守两个规则:①仍需遵守"先括号、然后乘、最后加"的运算优先次序;②不属于单个变量上的非号应保留不变。

(3) 对偶定理。对于任何一个逻辑式 Y,若将逻辑式中的"·"换成"+","+"换成"·",0 换成 1,1 换成 0,则得到一个新的逻辑式 Y^D,这个 Y^D 就称为 Y 的对偶式。若两逻辑式相等,则它们的对偶式也相等,这就是对偶定理。

 典型例题

【例 2-1】 判断以下逻辑关系的正确与错误。

(1) 若 $A=B$,则 $AB=A$ 　　　　　　　　　　　　　　　　(　　)

(2) 若 $AB=AC$,则 $B=C$ 　　　　　　　　　　　　　　　(　　)

(3) 若 $A+B=A+C$,则 $B=C$ 　　　　　　　　　　　　　(　　)

(4) 若 $A+B=A+C$,且 $AB=AC$,则 $B=C$ 　　　　　　(　　)

解 (1) 若 $A=B$,则 $AB=A$ 　　　　　　　　　　　　(√)

(2) 若 $AB=AC$，则 $B=C$ （×）

(3) 若 $A+B=A+C$，则 $B=C$ （×）

(4) 若 $A+B=A+C$，且 $AB=AC$，则 $B=C$ （√）

【解题指导与点评】 (1) 正确。因为逻辑变量只有两种取值，并且"与"逻辑运算与普通代数乘法的运算规律相同，所以，$A=B=0$ 或 1，$AB=A$ 都成立。(2) 错误。因为逻辑代数与普通代数的运算规则有很多不相同之处，逻辑代数的运算规则中无除法运算，等式两边不得用除法。所以，若 $A=0$ 根据"与"逻辑运算，则 $B \ne C$，$AB=AC$ 依然成立。(3) 错误。因为逻辑代数的运算规则中无减法运算，逻辑代数等式两边不得用减法。所以，若 $A=1$ 根据"或"逻辑运算，则 $B \ne C$，$A+B=A+C$ 依然成立。(4) 正确。因为 $A+B=A+C$ 当 $A=0$ 时必须满足 $B=C$；$AB=AC$ 当 $A=1$ 时必须满足 $B=C$。所以，无论 $A=0$ 或 1，要保证"与"运算等式 $AB=AC$ 和"或"运算等式 $A+B=A+C$ 都成立，则必须满足 $B=C$。

特别提出注意的是：在逻辑运算时，有加无减，有乘无除，不能移项，无指数、无系数。

【例 2-2】 将逻辑函数 $Y=(A+B+C)(A'+B+C)(A+B'+C)$ 化为最简形式。

解 利用反演定理求函数的反函数 Y' 即

$$Y'=A'B'C'+A B'C'+A'BC'=B'C'+A'C'$$ 再用反演律可得 Y 即

$$Y=(B+C)(A+C)=AB+C$$

【解题指导与点评】 在化简多个和项相与（即或与式）时，可利用反演定理，先将或与式变成与或式，然后再化简，化简后再利用反演定理变回原函数，这样可使化简过程变简单。

【例 2-3】 用代数法证明 $(A+B)(A'+C)(B+C)=(A+B)(A'+C)$ 等式成立。

解 方法一

等式左边：$(A+B)(A'+C)(B+C)=(A+B)(A'B+C)$

$$=A'A+ A'B+ AC +BC= A'(A+B)+(A+B)C=(A'+C)(A+B)$$

等式左边等于等式右边。

方法二

令 $F=(A+B)(A'+C)(B+C)$ $G=(A+B)(A'+C)$

求 F、G 的对偶式

$$F^D=AB+A'C+BC= AB+A'C$$

$$G^D=AB +A'C$$

因为 $F^D=G^D$，所以 $F=G$。

【解题指导与点评】 在证明和化简多个和项相与（即或与式）时，可利用对偶定理，先将或与式变成与或式，然后再化简，证明对偶式相等，等式两边对偶式相等，函数等式一定成立，这样可使化简过程变简单。

【例 2-4】 将逻辑表达式 $Y=AB'+A'B$ 化为用 4 个与非逻辑表示的表达式（要求：输入变量只能出现原变量 A、B，不能出现反变量 A'、B'）。

解 $Y=AB'+ A'B=A(A \cdot B)'+ B (A \cdot B)'$ ［使用常用公式序号 6 式］

$Y=(A(A \cdot B)'+B(A \cdot B)')''$ ［两次取反］

$$Y = ((A(A \cdot B)')'(B(A \cdot B)')')' \qquad [使用德·摩根定理]$$

【解题指导与点评】 本题异或逻辑表达式已无法化简，如果只要求用与非逻辑完成，只需要将表达式两次取反，使用德·摩根定理后表达式即可化为与非-与非逻辑结构，但是这个与非-与非结构需要 5 个与非逻辑符号完成，而不是 4 个，所以此方法是不正确的。如果能熟记常用公式 $A(A \cdot B)' = AB'$，就会立即有原来如此之感，此问题立即解决。

自测题

一、填空题

1. 逻辑代数又称为_____代数，逻辑代数最基本的逻辑关系有_____、_____、_____三种。

2. 逻辑函数的三个基本定理是_____、_____、_____。

3. 逻辑函数 $Y = AB + A'B'$ 的对偶式为_____，反函数为_____。

4. 二变量真值表中，输入有 0 则输出为 1，输入全 1 则输出为 0，输入、输出之间的逻辑关系是_____。

5. 逻辑函数 $Y = A \oplus B$，其 Y 的与-或表达式为_____，与非-与非表达式为_____，或与表达式为_____，与或非表达式为_____。

6. 连续同或 200 个 0 其结果是_____。

7. 正逻辑体制约定_____电平用逻辑 1 表示，_____电平用逻辑 0 表示。

8. $Y = AB + BD + AC$，$F = (A+B)(B+D)(A+C)$，Y 与 F 之间存在的逻辑关系是_____。

9. 在进行逻辑运算时 $1+1$ 的结果是_____。

10. 在进行二进制数的运算时 $1+1$ 的结果是_____。

二、判断题

1. 逻辑变量的取值，1 比 0 大。　　　　　　　　　　　　　　　　　　　　（　　）

2. 异或逻辑函数与同或逻辑函数，在逻辑上互为反函数，互为对偶式。　　（　　）

3. 若两个函数具有相同的真值表，则两函数必然相等。　　　　　　　　　（　　）

4. 若两个函数具有不相同的表达式，则两函数必然不相等。　　　　　　　（　　）

5. 逻辑函数两次求反则还原，逻辑函数的对偶式再作对偶变换也还原为它本身。

　　　　　　　　　　　　　　　　　　　　　　　　　　　　　　　　　（　　）

三、求下列函数的函数值

1. $Y_1 = ABC'D + A' + B' + C + D'$

2. $Y_2 = C'D + C'D' + CD' + CD$

3. $Y_3 = (AB' + AB + A'B + A'B')'$

4. $Y_4 = (AB + A'B')(AB' + A'B)$

5. $Y_5 = A'B' + BC' + A' + B' + ABC$

四、巧用常用公式证明下列等式成立

1. $AB + A'C + BC + (B' + C')D = AB + A'C + D$

2. $A'C' + A'B' + A'C'D' + BC = A' + BC$

3. $A'B + B'C + AC' = AB' + BC' + A'C$

4. $AB' + BD + A'D + CD = AB' + D$

五、用公式法将下列逻辑函数化简为最简与或式

1. $Y_1 = A + AB'C' + A'CD + C'E + D'E$

2. $Y_2 = (A + B')(A' + C)(B + C)(C' + D)$

3. $Y_3 = AB + AC + A'B + BC'$

4. $Y_4 = AB'C + CD + BD' + C'$

5. $Y_5 = ((A + C')(B + C + D)(B + C' + D)(A' + C' + D'))' + ABC$

6. $Y_6 = (A + B')(A' + C)(B + C)(C' + D)$

 习题精选

一、选择题

1. 异或逻辑的与或表达式是（　　）。

A. $AB + A'B'$ B. $A(AB') + B(A'B)$

C. $A'B + AB'$ D. $A + B$

2. 逻辑函数有 n 个变量时，变量取值组合就有（　　）。

A. n B. 2^n C. $2n$ D. n^2

3. $A + BC = $（　　）。

A. $A + B$ B. $A + C$ C. $B + C$ D. $(A + B)(A + C)$

4. 以下表达式中符合逻辑运算规则的是（　　）。

A. $B + B = 2B$ B. $AA = A^2$ C. $AB + 1 = AB$ D. $1 + ABCD = 1$

5. 在或非逻辑运算时，运算的结果是 0，一定任意一个输入为____或全部输入为____。
（　　）

A. 1 1   B. 1 0   C. 0 0   D. 0 1

6. 若已知 $AB + BC + AC + B'C = AB + C$，判断等式 $(A + B)(B + C)(A + C)(B' + C) = (A + B)C$ 成立的最简单方法是依据（　　）规则。

A. 代入规则   B. 对偶规则   C. 反演规则   D. 互补规则

7. $A + A(B'C + D)' + A(BC)' + BC + B'C = $（　　）。

A. $A + B + C$ B. $A + C$ C. $B + C$ D. $A + B$

8. $((A' + B)' + (A + B')' + (A'B)' + (AB')')' = $（　　）。

A. 1   B. 0   C. $A + B'$ D. $A'B$

9. $A \oplus B \oplus AB = $（　　）。

A. $A + B$ B. $A \oplus B$ C. $A \odot B$ D. AB

10. $AB \oplus B \oplus 1 = $（　　）。

A. $A + B'$ B. $A \oplus B$ C. 0   D. 1

11. $(A + B + C)(A + B + C')(A + B' + C)(A + B' + C') = $（　　）。

A. $A + B'$ B. $A + B$ C. A D. AB

12. $Y=(A+(BC)')'(A+B)$，当 $Y=1$ 时 A、B、C 的取值为（　　）。

A. 000 B. 101 C. 011 D. 110

二、证明下列等式成立（方法不限）

1. $A+BC+DEF=(A+D+B)(A+D+C)(A+E+B)(A+E+C)(A+F+B)(A+F+C)$

2. $A+(A\oplus B)=(A\oplus B)+B$

三、写出下列函数 Y 的反函数

1. $Y_1=A'B'C'+AC+AB$ 　　 2. $Y_2=(A'B+AB')C'+(AB'+A'B)'C$

3. $Y_3=AB+A'C+BCD$ 　 4. $Y_4=ABC'+A'B'C$ 　 5. $Y_5=AB+BC+AC$

四、写出下列函数 Y 的对偶式

1. $Y_1=A'B+B'(A\oplus C)$ 　　　　 2. $Y_2=(AB+BC+AC)'(A+B+C)+ABC$

3. $Y_3=AB+A'C$ 　　　　　 4. $Y_4=AB'+BC+A'C'$

五、计算题

1. 求函数 $Y=AB+B'C+A'C$ 的对偶式。（2004 年华南理工大学攻读硕士学位研究生入学试题）

2. 已知逻辑函数 $F(A,B,C)=(A(B+C'))'$，求其对偶式。（2005 年华南理工大学攻读硕士学位研究生入学试题）

课题二　逻辑函数四种表示方法之间的转换

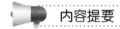 内容提要

一、逻辑函数常用四种表示方法

①逻辑真值表；②逻辑函数式；③逻辑电路图；④时序波形图。

逻辑函数的四种描述方法各有特点，分别适用于不同场合。但对同一逻辑问题而言，逻辑函数的四种描述只是同一问题用不同形式表述而已。既然同一个逻辑函数可以用多种不同的形式描述，那么这几种不同的形式之间必能相互转换。

二、逻辑函数四种表示方法之间的转换

1. 真值表与逻辑函数式的相互转换

根据输入、输出之间的逻辑关系，将输入变量所有的取值与对应的输出值列成表格，即可得到真值表。

将输出与输入之间的逻辑关系写成与、或、非等运算的组合式，就得到了所需的逻辑函数式。

2. 逻辑函数式与逻辑图的相互转换

将逻辑函数式中各变量之间的与、或、非运算关系用图形符号表示，就可以画出逻辑图。将逻辑图中的逻辑符号从输入到输出逐个写出运算关系式即得到逻辑函数式。

3. 波形图与表达式之间的相互转换

数字信号在电路中传输时，是以高、低电平出现的，输入信号与输出信号按一定逻辑关系，随时间顺序依次变化形成的图形被称为时序波形图。根据表达式可画出时序波形图，根据波形图也可得到逻辑函数表达式。

三、逻辑函数的两种标准形式

一个逻辑函数可用两种标准形式来描述，即逻辑函数的"最小项之和"及"最大项之积"这两种标准形式。

1. 最小项

在 n 变量逻辑函数中，若 m 为包含 n 个因子的乘积项，而且这 n 个变量均以原变量或反变量的形式在 m 中出现一次，则称 m 为该组变量的最小项。n 个变量则有 2^n 个最小项。

为了记忆、书写、叙述方便，将使最小项值为 1 的变量取值组合看作一个二进制数，这个二进制数对应的十进制数为该最小项的编号。

2. 最大项

在 n 变量逻辑函数中，若 M 为 n 个变量之和，而且这 n 个变量均以原变量或反变量的形式在 M 中出现一次，则称 M 为该组变量的最大项。n 个变量则有 2^n 个最大项。

同样，为了最大项使用方便，将使最大项值为 0 的变量取值组合看作一个二进制数，这个二进制数对应的十进制数为该最大项的编号。

3. 最小项和最大项的关系

同一逻辑函数，即可用标准与或形式表示，也可用标准或与形式表示，最大项和最小项之间存在互补关系，即 $M_i = m_i'$，在其标准或与式中出现的最大项编号，不会出现在其标准与或式中，而不在其标准或与式中出现的最大项编号，一定出现在其标准与或式中。所以一个逻辑函数如果已知所包含的最大项，定能找出所包含的那些最小项。

 典型例题

表 2-3　例 2-5 真值表

输入			输出
A	B	C	Y
0	0	0	0
0	0	1	0
0	1	0	0
0	1	1	1
1	0	0	0
1	0	1	1
1	1	0	1
1	1	1	1

【例 2-5】 已知函数的真值表如表 2-3 所列，写出函数的最简与非-与非式。

解 $Y = A'BC + AB'C + ABC' + ABC = AC + BC + AB$

$Y = (AC + BC + AB)'' = [(AC)'(BC)'(AB)']'$

【解题指导与点评】 首先找出真值表中使逻辑函数 $Y = 1$ 的那些输入变量取值的组合；然后将每组输入变量取值的组合组成一个乘积项，其中取值为 1 的写原变量，取值为 0 的写反变量；最后将这些乘积项相加，即得 Y 的逻辑函数式。由真值表得到的函数式为标准与或式，要得到最简的与非式必须先对标准与或式化简，然后对与或式两次取反，再用德·摩根定理，将与或式转换为与非-与非式。

【例 2-6】 已知逻辑函数式 $Y = (A \oplus B)'(B \oplus C')$ 求真值表。

解　$Y=(A\oplus B)'(B\oplus C')$

$=(A'B'+AB)(B'C'+BC)$

$=A'B'C'+ABC$

【解题指导与点评】　由表达式填真值表时，首先将表达式转换为与或表达式，然后由与或表达式填真值表。填真值表和由真值表写表达式互为逆过程，表达式是由真值中函数值为 1 的那些变量取值组组成的乘积项相加而构成，所以表达式中存在的与项，在真值表中对应的函数值一定为 1，其余为 0，本题真值表见表 2-4。

【例 2-7】　$Y=((A'+B)(A+C'))'+A'B'C$ 用最少的与非逻辑符号画出该函数的逻辑图。

解　$Y=AB'+A'C+A'B'C$

$=(AB'+A'C)''$

$=((AB')'(A'C)')'$

表 2-4　例 2-6 真值表

输入			输出
A	B	C	Y
0	0	0	1
0	0	1	0
0	1	0	0
0	1	1	0
1	0	0	0
1	0	1	0
1	1	0	0
1	1	1	1

【解题指导与点评】　本题要求用最少的与非逻辑符号画出该函数的逻辑图，画图之前首先需要将表达式转换为与或式，然后化简，化简后再将表达式两次取反，再用德·摩根定理将与或表达式转换为与非-与非表达式，最后画图，逻辑图见图 2-1。由表达式画逻辑图时，要从表达式的最后一级运算画起，逐个画出每个运算符号的逻辑符号，直到输入。画图

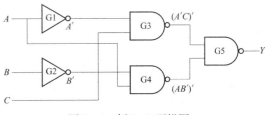

图 2-1　例 2-7 逻辑图

的顺序：先画 G5，G5 的两个输入作为 G3、G4 的输出，G3 的两个输入一个接 A' 一个接 C，G4 的两个输入一个接 B' 一个接 A。

【例 2-8】　写出逻辑图如图 2-2 所示的最简与或表达式。

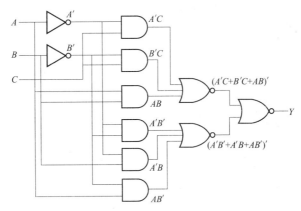

图 2-2　例 2-8 逻辑图

解　$Y=((A'C+B'C+AB)'+(A'B'+A'B+AB')')'$

$Y=(A'C+B'C+AB)(A'B'+A'B+AB')$　　　［使用德·摩根定理］

$$Y=A'B'C+A'BC+AB'C \qquad [使用分配律]$$
$$Y=A'B'C+A'BC+AB'C+A'B'C \qquad [使用配项法配 A'B'C 项]$$
$$Y=A'C+B'C$$

【解题指导与点评】 本题解题方法与表达式画逻辑图互为逆过程，由逻辑图写表达式的顺序是从输入开始每经过一个逻辑符号写一个表达式直到输出，逐个写出每个逻辑符号对应的表达式，最后写出 Y 的表达式。然后按题意化简 Y 的表达式，写出最简与或表达式。

【例 2-9】 写出逻辑时序图如图 2-3 所示的最简与或表达式。

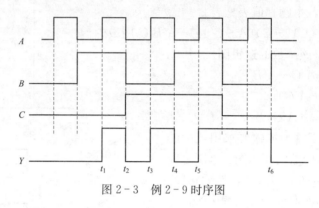

图 2-3　例 2-9 时序图

解　$Y=ABC'+AB'C+ABC+A'B'C'+AB'C'$
　　　$Y=A+B'C'$

【解题指导与点评】 由时序图写表达式时，将 Y 的时序图中高电平的时间段对应的变量状态取出，变量状态为高电平写原变量，否则写反变量组成乘积项，Y 为高电平时间段里组成的所有乘积项相加即为表达式。如 $t_1 \sim t_2$ 时间段里变量 A 为高电平、B 为高电平、C 为低电平，所以 $t_1 \sim t_2$ 时间段里变量组成的乘积项为 ABC'，$t_3 \sim t_4$ 时间段里变量组成的与项为 $AB'C$，$t_5 \sim t_6$ 时间段里变量组成的与项为 ABC、$A'B'C'$、$AB'C'$，将这些与项相加即为 Y 的表达式，然后按题意的要求再化简。

【例 2-10】 证明 $AB+A'C+BC=(A+C)(A'+B)$。（方法不限）

解　方法一　（用代数法证明等式成立）
　　　　等式左边：$AB+A'C+BC=AB+A'C$ 　　[使用常用公式序号 5 式]
　　等式右边：$(A+C)(A'+B)=AB+A'C+BC=AB+A'C$ 　　[使用配项法]
结果：左式等于右式。

方法二　（用真值表证明等式成立）

将 A、B、C 三个变量的 8（$2^3=8$）组不同取值，逐一代入左式与右式中计算，并将每组计算结果列表，即得表 2-5 所列的真值表。

表 2-5　　　　　　　　　　　　　　例 2-10 真值表

A	B	C	左式：$AB+A'C+BC$	右式：$(A+C)(A'+B)$
0	0	0	0	0
0	0	1	1	1

续表

A	B	C	左式：$AB+A'C+BC$	右式：$(A+C)(A'+B)$
0	1	0	0	0
0	1	1	1	1
1	0	0	0	0
1	0	1	0	0
1	1	0	1	1
1	1	1	1	1

结果：左右两式真值表完全相等，左式等于右式。

【解题指导与点评】 在证明逻辑等式成立时应根据等式的形式选择不同的方法及步骤，公式化简法是首选的方法，因为公式化简法既简单又方便，并且不受变量个数的限制，但是需要熟记公式，灵活应用。当使用公式法证明等式成立遇到阻力时，可用真值表来证明。一个逻辑函数表达式可有多种形式，但真值表是唯一的。当两个函数式的真值表相等时，两个函数式就一定相等。但列写真值表时应注意，如逻辑函数有 n 个变量，不同的变量取值组就有 2^n 组。

 自测题

一、填空题

1. 最大项和最小项之间的关系为_____。

2. 最小项 $AB'CD'$、$A'BC'D$、$ABC'D$ 的编号分别为_____、_____、_____。

3. 最大项 $(A'+B'+C'+D')(A+B'+C+D')(A'+B+C'+D)$ 的编号为_____、_____、_____。

4. 有 6 个逻辑项分别为 $A'BC$、$AA'BC$、$A'B(C+D)'$、$(ABCD)'$、$A'BC'DD$、$(AB+CD)'$，在这 6 个逻辑项中属于四变量 A、B、C、D 的最小项是_____和_____。

5. 逻辑函数可用两种标准形式来描述，即逻辑函数的_____之和及_____之积这两种标准形式。

6. 全体最小项之和为_____，全体最大项之积为_____。

二、写出下列各逻辑函数式的标准与或式和标准或与式

1. $Y=A'BC+AB'+BC$

2. $Y=(AB')'+C$

3. $Y=\prod M(1, 3, 4, 7)$

4. $Y=\sum m(0, 1, 2, 6, 9, 12, 13, 14, 15)$

三、分析计算题

1. 根据题图 2-1 所示的时序图，用原、反变量的形式，写出 Y 的最简与或式。

2. 已知逻辑图如题图 2-2（a）、图 2-2（b）、图 2-2（c）和图 2-2（d）所示，请写出 Y 的最简与或式及真值表。

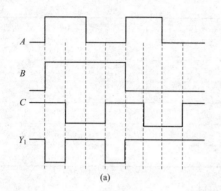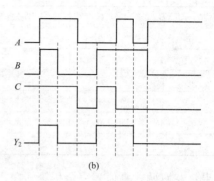

题图 2 - 1

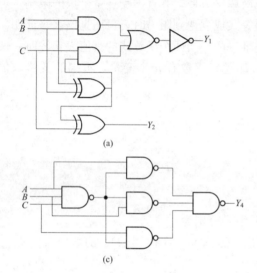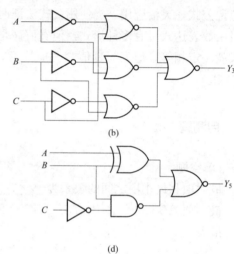

题图 2 - 2

 习题精选

一、填空题

1. 逻辑函数有 n 个变量就有_____个不同的取值组合，就有_____个最小项，就有_____个最大项。

2. 由真值表写表达式，将真值表中函数值为_____的变量取值组合写成与项，将各与项相_____得到。

3. 由逻辑式画逻辑图时先从_____级运算符号画起。只要用_____符号代替逻辑函数式中的逻辑运算符号并按运算优先顺序将它们连接起来，就可以得到所求的逻辑图。

4. 将给定的逻辑图转换为对应的逻辑函数式时，只要从逻辑图的_____端到_____端逐级写出每个图形符号的逻辑式，就可以得到所求的逻辑函数式。

5. 逻辑函数常用的表示方法有_____、_____、_____、_____和_____。

6. 逻辑函数有四个变量分别为 A 、 B、C、D，编号为 m_1，m_3，m_5，m_7 的最小项是_____、_____、_____、_____。

7. 逻辑函数有四个变量分别为 A 、 B、C、D，编号为 M_1，M_3，M_5，M_7 的最大项是_____、_____、_____、_____。

8. 任意两个最小项的乘积为_____，任意两个最大项之和为_____。

二、设计、画图题

1. 已知 $Y=AB'C'+A'BC'+A'B'C+ABC$ 用最少的逻辑符号完成该逻辑函数的逻辑图。

2. 逻辑电路有三个输入端分别为 A、B、C。输入端接收的信号是三位二进制数，此电路工艺要求，三个输入端的变量不能同时出现相同信号，并且当输入的二进制数能被十进制数 3 和 6 整除时输出为 1 否则为 0。要求：①列出真值表；②写出最小项之和表达式；③采用 3 个两输入与非逻辑符号完成逻辑图。（提示：被限制不能出现的逻辑变量组成的与项，在化简时可选用有利于化简的与项，加在逻辑式中参与化简，使逻辑式化简的更简单。）

3. 设计一个二输入的异或逻辑，要求用 4 个或非逻辑符号完成逻辑电路。（1）写出表达式；（2）画出电路。

三、分析题

1. 根据题图 2-3 所示的逻辑电路图，写出真值表及 Y 的表达式，说明题图 2-3（c）图的功能。

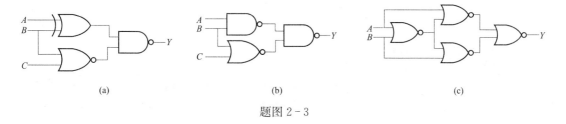

(a)　　　　　　　　　　　(b)　　　　　　　　　　　(c)

题图 2-3

2. 已知逻辑电路如题图 2-4 所示，电路中 S_1、S_0 为控制信号，写出表达式，说明在 S_1、S_0 的作用下 Y 与 A、B、C、D 之间的关系。

3. 逻辑电路如题图 2-5 所示，写出 Y_0、Y_1、Y_2 和 Y_3 的表达式，在此电路基础上补加一个或非逻辑符号，实现异或逻辑 $Y=A\oplus B$。

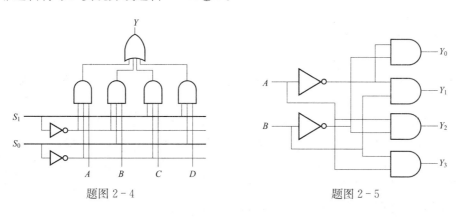

题图 2-4　　　　　　　　　　　题图 2-5

四、用真值表判断函数 Y_1 和 Y_2 有何关系

1. $Y_1 = A'B'C' + AC + AB$　　　　$Y_2 = A'B + B'(A \oplus C)$

2. $Y_1 = (A'B + AB')C' + (AB' + A'B)'C$　$Y_2 = (AB + BC + AC)'(A + B + C) + ABC$

3. $Y_1 = AB + A'C + BCD$　　　　$Y_2 = AB + A'C$

4. $Y_1 = ABC' + A'B'C$　　　　$Y_2 = AB' + BC + A'C'$

5. $Y_1 = AB + BC + AC$　　　　$Y_2 = (AB)' + (BC)' + (AC)'$

五、简答题

1. 求函数 $Y = AB + B'C + A'C$ 的最简积之和式。（2004 年华南理工大学攻读硕士学位研究生入学试题）

2. 某电路在正逻辑下的逻辑表达式是 $F(A, B, C) = (A + B'C)'$，求其最小项之和的表达式。（2005 年华南理工大学攻读硕士学位研究生入学试题）

3. 已知逻辑函数 $F(A, B, C) = (A(B + C'))'$，求其最大项之积的表达式及其对偶式。（2005 年华南理工大学攻读硕士学位研究生入学试题）

课题三　逻辑函数的化简方法

 内容提要

一、逻辑函数的公式化简法

同一逻辑函数可以采用不同的逻辑函数式来表示，逻辑函数式不同对应的逻辑电路也不同，使用的器件种类和数量也不同。化简逻辑函数式简化了逻辑电路、节省了器件、降低了成本、提高了系统的可靠性。所以化简逻辑函数对工程设计具有重要意义。

用代数法化简逻辑函数的优点是简单方便，变量数没有限制；缺点是需要熟练掌握逻辑代数的基本公式及灵活的运算技巧，化简后的逻辑函数有时难以判断是否为最简形式。因此五变量以下的逻辑函数化简采用卡诺图化简法更加方便、快捷。

二、逻辑函数的卡诺图化简法

1. 卡诺图化简法的步骤

（1）将函数式化为最小项之和的形式。

（2）按最小项表达式，画出表示该逻辑函数的卡诺图。凡在函数式中包含的最小项，其对应方格填 1，其余方格填 0，0 可不填。

（3）圈出可以合并的最小项矩形框。

（4）写出每个矩形框对应的最简与项（或和项），将各与项相加（和项相与）写出最简函数式。

2. 圈 1 合并相邻最小项的原则

（1）相邻包括相接相邻、上下对称相邻、左右对称相邻。

（2）要尽量多圈相邻的 1 格，但被圈 1 的格数必须是 2 的整次幂。

（3）圈 1 格的顺序是先圈没有相邻的 1 格，然后是 2，4，8，…，2^n。

（4）一个 1 格可以重复被圈几次，但被圈的 1 格至少有一个新的 1 格，否则会出现多余项。

（5）圈 1 格的方式不同，最简式也不同，但是真值表相同。

（6）当 1 格远多于 0 格时可圈 0 格得到 Y' 的最简式。

（7）圈 1 格的矩形圈越大消去的变量越多，表达式所含的乘积项数目最少。

三、具有无关项的逻辑函数及其化简

1. 逻辑函数无关项的描述，约束条件的表示

如果最小项 $A'B'C'$、$A'BC$、$AB'C$、ABC'、ABC 为函数的无关项，则可用 $A'B'C'=0$、$A'BC=0$、$AB'C=0$、$ABC'=0$、$ABC=0$ 表示函数的约束条件。或写成

$$A'B'C'+A'BC+AB'C+ABC'+ABC=0 \quad 或 \sum d(0，3，5，6，7)$$

2. 无关项在化简逻辑函数中的应用

在卡诺图中用 × （或 ø）表示无关项。在化简逻辑函数时既可以认为它是 1，也可以认为它是 0。

用卡诺图法化简逻辑函数合并最小项时，究竟把卡诺图中的 × 作为 1，还是作为 0 对待，以相邻最小项矩形圈最大为原则。

 典型例题

【例 2 - 11】 用卡诺图化简下列逻辑函数，写出 Y_1 为最简与或式，写出 Y_2 最简与非-与非式。

（1）$Y_1=A'B'C'+A'B'C+A'BC'+AB'C'+ABC'$

（2）$Y_2=A'B'C'+AB'C'+C'D+A'B'CD'+AB'CD'$

解　第一步画卡诺图；

第二步根据表达式填卡诺图；

第三步按合并相邻最小项的原则，合理圈画相邻 1 格，并合并为最简与项；

第四步将每一个合并后的最简与项相加，即为最简与或式。

（1）$Y_1=A'B'C'+A'B'C+A'BC'+AB'C'+ABC'$ 卡诺图见图 2-4 （a）。

最简与或式：$Y_1 = A'B'+ C'$

（2）$Y_2=A'B'C'+AB'C'+C'D+A'B'CD'+AB'CD'$ 卡诺图见图 2-4 （b）。

最简与或式：　　　$Y_2=B'C'+C'D +B'D'$

最简与或式两次取反：$Y_2=(B'C'+C'D +B'D')''$

最简与非-与非式：　$Y_2=((B'C')'(C'D)'(B'D')')'$

【解题指导与点评】 填卡诺图时，当表达式为最小项表达式时，只需将函数表达式中包含的最小项，在卡诺图中对应的格内填 1，否则填 0，但是 0 可不填。本题 Y_1 包含五个最小项，编号分别为 m_0、m_1、m_2、m_4、m_6，所以卡诺图中这五个最小项对应的格内函数值为 1 其余不填为 0。Y_1 按圈 1 合并相邻最小项的原则，只需圈两个圈，卡诺图见图 2-4 （a）。

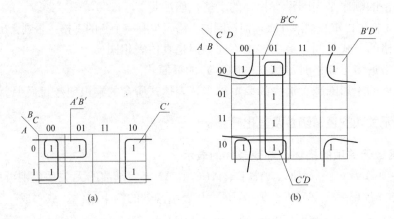

图 2-4　例 2-11 卡诺图

当逻辑函数式不是最小项表达式时，解题步骤的第二步，填写卡诺图有两种方法。方法一：将与或表达式中的每一个与项，利用基本公式 $A'+A=1$ 配项，将缺少的变量补齐，使与或表达式转换为标准与或式即最小项表达式，然后再填卡诺图。方法二：直接由与或表达式填写卡诺图。表达式中所包含的与项函数值一定为 1，所以 Y_2 表达式中的第一项 $A'B'C'$ 在卡诺图中只要 $A=B=C=0$ 的小方格内（即小方格 m_0，m_1）都填 1。同理式中的第二项 $AB'C'$ 在卡诺图中小方格 m_8，m_9 内都填 1。式中的第三项 $C'D$ 在卡诺图中小方格 m_1，m_5，m_9，m_{13} 内都填 1。这样省去了将 Y_2 化为最小项之和这一步，大大缩短了解题时间。根据圈 1 合并相邻最小项的原则，本题卡诺图可圈四个圈，每一个圈四个最小项合并，卡诺图见图 2-4（b）。将四个圈得到的最简与项相加得到最简与或式。再将最简与或式两次取反，最后用德·摩根定理将最简与或式转变为与非-与非式。

【例 2-12】　用卡诺图化简逻辑函数 $Y=\sum m(2，3，4，5，10，11，12，13)$ 写出 Y 的最简与或式。写出 Y' 的最简与或式。根据 Y 和 Y' 的最简与或式，写出函数的最简与非-与非式、与或非式、或非-或非式。

解　第一步　画卡诺图；

第二步　根据最小项表达式填画卡诺图，如图 2-5 所示；

第三步　按合并相邻最小项的原则，合理画圈相邻 1（或 0）格，合并为最简与项；

第四步　圈 1 格化简得到 Y 的最简与或式，圈 0 格化简得到 Y' 的最简与或式；

第五步　将圈 1 格化简得到 Y 的最简与或式两次取反，再用德·摩根定理转换为与非-与非式。将圈 0 格化简得到 Y' 的最简与或式等式两边同非即得到 Y 的与或非式。将与或非式非号内的与或结构使用德·摩根定理转换

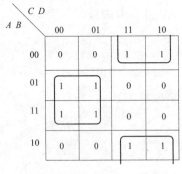

图 2-5　例 2-12 卡诺图

为或非-或非式。

最简与或式：$Y=BC'+B'C$

最简与非一与非式：$Y=((BC')'(B'C)')'$

Y' 的最简与或式：$Y' = B'C' + BC$

最简与或非式：$Y = (B'C' + BC)'$

最简或非—或非式：$Y = ((B+C)' + (B'+C')')'$

【解题指导与点评】 使用卡诺图化简逻辑函数式时，可采用圈 1 法得到 Y 的最简与或式，也可采用圈 0 法得到 Y' 的最简与或式，究竟应该采用那种方法，取决要得到的表达式的形式。如果要得到最简与或式、最简与非-与非式，采用圈 1 法更方便。如果要得到与或非式、或非-或非式、或与式采用圈 0 法更方便。另外用卡诺图化简逻辑函数时，0 格数远少于 1 格数时，如果要得到最简与或式时，同样可用圈 0 法，圈 0 得到 Y' 的最简与或式，然后 Y' 等式两边同非，再用德·摩根定理就得到 Y 的最简与或式。

【例 2-13】 用卡诺图分析逻辑函数。

(1) 写出函数 $Y = A'BC + AC + B'C$ 的最小项之和及最大项之积的形式。

(2) 写出 $Y = AC' + A'C + BC' + B'C$ 的最简与或式，并说明有几种最简形式。

(3) 分析下列函数 Y_1、Y_2 的关系。

$$Y_1 = (A'B + AB + A'D + AB'D)'$$

$$Y_2 = \sum m(0, 2, 8, 10)$$

解 (1) 写出函数 $Y = A'BC + AC + B'C$ 的最小项之和及最大项之积的形式。

方法一，配项法

$$Y = A'BC + AC + B'C = A'BC + A(B'+B)C + (A'+A)B'C$$

$$Y = A'BC + ABC + AB'C + A'B'C + AB'C = m_1 + m_3 + m_5 + m_7$$

$$Y = \sum m(1, 3, 5, 7)$$

$$Y = \prod M(0, 2, 4, 6)$$

方法二，卡诺图法

卡诺图见图 2-6。

(2) 写出 $Y = AC' + A'C + BC' + B'C$ 的最简与或式，并说明有几种最简形式。

首先画出表示函数 Y 的卡诺图，如图 2-7 所示。

有两种最简形式即 $Y_1 = AB' + A'C + BC'$

$Y_2 = A'B + AC' + B'C$

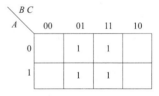

图 2-6 例 2-13 (1) 卡诺图

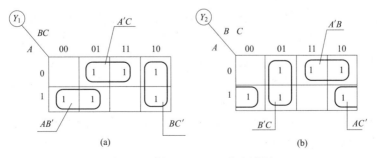

(a)　　　　　　(b)

图 2-7 例 2-13 (2) 的卡诺图

（3）分析下列函数 Y_1、Y_2 的关系

$$Y_1=(A'B+AB+A'D+AB'D)' \qquad Y_2=\sum m(0,2,8,10)$$

首先画出表示函数 Y_1、Y_2 的卡诺图，如图 2-8 所示。

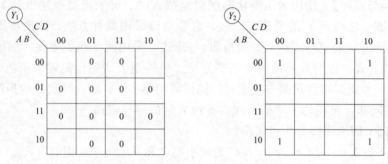

图 2-8　例 2-13（3）的卡诺图

根据卡诺图写出 Y_1、Y_2 的最简与或式

$$Y_1=B'D' \qquad Y_2=B'D'$$

Y_1、Y_2 为同一函数的两种不同形式。

【解题指导与点评】　（1）求逻辑函数的最小项之和及最大项之积的形式，方法一：配项法，根据已知函数的形式，利用基本公式 $A'+A=1$（或 $A'A=0$），将每个与项（或和项）中缺少的变量配齐，使每一个与项（或和项）都为最小项（或最大项）形式。方法二：卡诺图法，根据已知函数式，填写卡诺图，卡诺图中函数值为 1 对应的最小项之和为标准与或式。根据最大项和最小项的关系即 $M_i=m_i'$，函数值为 0 的最小项的非为最大项，所以以最大项之积的形式是函数值为 0 的最小项的非之积。

（2）写出 $Y=AC'+A'C+BC'+B'C$ 的所有最简形式。

圈 1 合并相邻最小项时，合理圈 1 的方法可以有多种，圈的方式不同得到的最简与或式也不同。本题由图 2-7（a）和图 2-7（b）可见，有两种可取的合并最小项的方案。如果按图 2-7（a）的方案合并最小项，则得到 $Y=AB'+A'C+BC'$，而按图 2-7（b）的方案合并最小项得到 $Y=AC'+B'C+A'B$，两个化简结果都符合最简与或式的标准。说明，有时一个逻辑函数的化简结果不是唯一的，但真值表是相同的。

（3）分析下列函数 Y_1、Y_2 的关系。

本题需要说明的是在填 Y_1 这种形式的函数式卡诺图时，不要去掉非号，可将 Y_1 的等式两边同非，填 Y_1' 的卡诺图，Y_1' 对应的表达式为与或式，填 Y_1' 的卡诺图与填 Y_1 的卡诺图的方法相同，所不同的是 Y_1 的卡诺图在对应的格内填 1，Y_1' 的卡诺图在对应的格内填 0。本题要求写出 Y_1 的最简与或式，所以合并 1 最方便，合并 0 也可以，但是合并 0 得到的是 Y_1' 的最简与或式，要得到 Y_1 的最简与或式还需将 Y_1' 的等式两边同非。根据卡诺图圈 1 得到 $Y_1=B'D'$，圈 0 得到 $Y_1'=B+D$，将 $Y_1'=B+D$ 等式两边同非 $(Y_1')'=(B+D)'$ 结果与圈 1 得到的表达式相同。

【例 2-14】　用卡诺图化简法化简逻辑函数 $Y_1\oplus Y_2$ 的结果为最简形式（这里最简形式指表达式中出现的逻辑运算符号最少）。

$$Y_1=\sum m(1,2,4,7,8,10,11,14) \qquad Y_2=\sum m(1,4,6,9,10,11,12,13,14)$$

解 第一步画出 Y_1、Y_2 的卡诺图如图 2-9 所示；

第二步将两卡诺图对应的格进行异或，然后画出异或后的卡诺图；

第三步写出函数 $Y_1 \oplus Y_2$ 的最简形式。

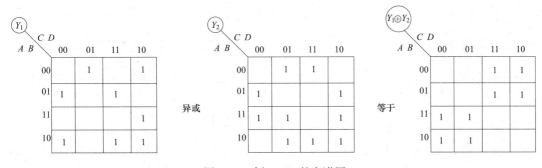

图 2-9 例 2-14 的卡诺图

$$Y = Y_1 \oplus Y_2 = A'C + AC' = A \oplus C$$

【解题指导与点评】 本题需要说明的是卡诺图不仅可以化简逻辑函数、证明逻辑函数等式成立，还可以实现逻辑函数的与、或、异或等逻辑运算，并且可快速获得最简结果函数。两卡诺图逻辑运算时需要遵循逻辑运算的规律，将 Y_1、Y_2 两卡诺图所有对应的小方格一一对应进行运算，如 Y_1 的 m_1 和 Y_2 的 m_1、Y_1 的 m_2 和 Y_2 的 m_2、Y_1 的 m_3 和 Y_2 的 m_3……依次进行异或得到第三个 $Y_1 \oplus Y_2$ 卡诺图，最后化简 $Y_1 \oplus Y_2$ 的卡诺图，写出最简逻辑式，即 $Y_1 \oplus Y_2$ $= A'C + AC'$。根据 $Y_1 \oplus Y_2 = A'C + AC'$ 画逻辑图，至少需要 5 个逻辑符号，本题要求写出 $Y_1 \oplus Y_2$ 最简形式指表达式中出现的逻辑运算符号最少，所以不能画最简与或表达式的逻辑图，应用 AC 异或的逻辑符号画逻辑图，只用一个异或逻辑符号即可。

【例 2-15】 用卡诺图化简法化简具有无关项的逻辑函数，写出最简与或式。

(1) $Y_1 = \sum m(3, 5, 8, 9, 10, 12, 15) + \sum d(0, 1, 2, 13)$

(2) $Y_2 = A'B'C' + ABC + A'B'CD'$，且约束条件 $A'B + AB' = 0$

(3) $Y_3 = ABC' + AB'C' + A'B'CD' + B'CD$ 且 A、B、C、D 不可能出现相同的数值。

解 根据不同的函数式填卡诺图，见图 2-10

(1) $Y_1 = \sum m(3, 5, 8, 9, 10, 12, 15) + \sum d(0, 1, 2, 13)$ 卡诺图见图 2-10 (a)，最简与或式：$Y_1 = A'B' + AC' + B'D' + C'D + ABD$

(2) $Y_2 = A'B'C' + ABC + A'B'CD'$，且约束条件 $A'B + AB' = 0$。

卡诺图见图 2-10 (b)，最简与或式：$Y_2 = A'C' + AC + CD'$

(3) $Y_3 = ABC' + AB'C' + A'B'CD' + B'CD$ 且 A、B、C、D 不可能出现相同的数值。

卡诺图见图 2-10 (c)。最简与或式：$Y_3 = AC' + B'D$

【解题指导与点评】 本题需要说明的是具有无关项逻辑函数用卡诺图化简时，对无关项表示方法的理解，本题给出三种不同的表示方法。第一种用最小项的编号表示被限制不能出现的最小项如 $\sum d(0, 1, 2, 13)$，说明有四个约束项。第二种用表达式的形式来表示被限制不能出现的最小项，即约束条件 $A'B + AB' = 0$，这种表示不如第一种醒目，$A'B + AB' = 0$，说明只要不满足等式成立的取值，对应的最小项都是约束项，也就是说只要 $A = 0$，$B = 1$ 或 $A = 1$，$B = 0$ 都是被限制的取值组，因此有 8 个约束项。第三种 A、B、C、D 不可能出现相同的

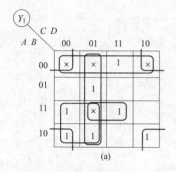
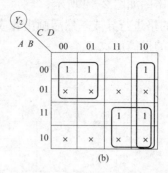
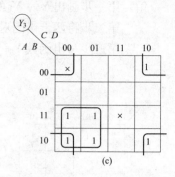

图 2-10　例 2-15 的卡诺图

数值，表示 A、B、C、D 不会同时等于 0 或 1，此条件对应的约束项为 $A'B'C'D$、$ABCD$。值得注意的是约束项在卡诺图中即可为 1 又可为 0，借助约束项可使圈 1 的矩形圈变得更大，这些约束项就为 1，否则为 0，没有用到的约束项为 0 不再处理，否则会出现多余项。

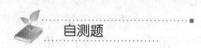 自测题

一、填空题

1. 化简逻辑函数式也就是简化了_____，化简逻辑函数的主要目的，是为了_____、_____、提高系统的_____。所以化简逻辑函数对工程设计具有重要意义。

2. 逻辑函数有五种最简表达式，表达式形式不同，最简的定义不同。比如，与或式最简的标准是：①表达式包含的_____项个数最少；②每个_____项包含的_____最少。或与式最简的标准是：①表达式包含的_____项个数最少；②每个_____项包含的_____最少。

3. 卡诺图实质上是将 n 个变量逻辑函数的_____个最小项，各用一个小方格表示。并将这些方格按_____原则排列，并使具有逻辑相邻性的最小项在_____位置上也相邻地排列起来，所得到的图形称为 n 个变量最小项的卡诺图。

4. 圈 1 格合并相邻最小项时，要尽量多圈相邻 1 格，圈 1 格的矩形圈越大消去的变量越_____，每个乘积项包含的因子越_____，表达式所含的乘积项数目越_____。但被圈 1 格数必须是 2 的_____次幂。

5. 在分析某些具体的逻辑函数时，经常会遇到输入变量的取值不是任意的或无论输入取值如何，与输出无关。对输入变量取值加有限制的或与输出无关的变量取值组称为逻辑函数的_____项。

二、用卡诺图化简下列逻辑函数为最简形式

1. $Y_1 = ABC + B'C + A'C + C'$

2. $Y_2 = (A'BD + BC'D + ABD + BCD)'$

3. $Y_3 = A'BD + BCD + A'BC + ACD' + AC + A'B'D' + AB'D$

4. $Y_4 = (A'BD + BC'D + ABD + BCD)'(A'B'D' + BD' + ABD' + AB'D')$

5. $Y_5 = \sum m(0, 2, 3, 5, 8, 10, 11)$

6. $Y_6 = \prod M(0,1,2,3,8,10,12,14)$

7. $Y_7 = (A+B'+C+D')(A+B'+C'+D')(A'+B+C+D')(A'+B'+C+D')(A'+B'+C'+D')$

8. $Y_8 = A'BC' + AB'CD + AB'C$，函数 A、B 不可能出现相同取值

9. $Y_9 = \sum m(0,1,3,5,7,8,9) + \sum d(10,11,12,13,14,15)$

10. $Y_{10} = \sum m(0,1,2,4,5,8,9,10)$ 给定约束条件为 $AB+CD=0$

三、简答题

1. 已知逻辑函数 $Y = A'BD' + B'C'D + A'B'D$ 化简后的函数式为 $Y = B \oplus D$，说明此逻辑函数是否有约束项，如果有写出约束项的编号。

2. 某电路的输入变量为 A、B、C 输出为 Y，当逻辑电路进行逻辑运算，结果为 $A+B = B \oplus C$ 时输出 $Y=1$，写出该判断电路的标准与式、最简与非-与非式。

3. 用卡诺图化简逻辑函数式 $Y = AB' + BC' + CD' + A'D + A'C$，说明有几种最简结果。

4. 化简逻辑函数 $Y = \sum m(0,2,8,10,12,14) + \sum d(3,7,9,13)$，写出最简与或式、与非-与非式、与或非式。

5. 化简逻辑函数 $Y = \sum m(5,9,13) + \sum d(4,7,8,11,12,15)$，写出最简与或式，用 3 个与非逻辑符号完成逻辑电路。

 习题精选

一、填空题

1. 逻辑函数式的最简形式有很多种，常用的五种形式是：_____、_____、_____、_____、_____。这五种表达式利用基本公式可以相互转换。

2. 化简逻辑函数常用的方法有_____和_____。

3. 两个最小项中只有一个变量_____其余相同，这两个最小项称为相邻最小项。

4. 用卡诺图化简逻辑函数时，在卡诺图中无关项既可以认为它是_____，也可以认为它是_____。

二、用卡诺图化简下列逻辑函数为最简与或式

$Y_1 = A'B'C + AD + B'(D'+C) + A'C + A'D'$

$Y_2 = (A'B'C + A'B + C'D' + ABCD)'$

$Y_3 = \sum m(1,3,5,7,9,13)$

$Y_4 = \sum m(1,2,4,7) + \sum d(0,3,5,6)$

$Y_5 = \sum m(0,1,2,6,8,9,10,11,13) + \sum d(3,4,7,15)$

$Y_6 = \prod M(1,2,4,7,8,11,12,14,15)$

三、简答题

1. 化简下列逻辑函数，用异或逻辑符号完成该逻辑函数的逻辑图（只写出表达式）。

(1) $Y_1 = \sum m(4,5,7,8,10) + \sum d(1,2,6,9,11,15)$

(2) $Y_2 = \sum m(1,3,4,6,8,10,13,15)$

(3) $Y_3 = \sum m(0,2,5,7,8,10,13,15)$

(4) $Y_4 = \sum m(1,2,4,7,8,11,13,14)$

2. 已知 $Y = \sum m(4, 5, 6, 7, 9)$ 化简后 $Y = B + AD$，问是否存在约束项，如果有写出约束项的编号。

3. 用卡诺图判断 Y_1 和 Y_2 有何关系？

(1) $Y_1 = A'B'C' + AC + AB$ $Y_2 = A'B + B'(A \oplus C)$

(2) $Y_1 = m_1 + m_2 + m_5 + m_6$ $Y_2 = m_0 + m_3 + m_4 + m_7$

(3) $Y_1 = AB + A'C + BCD$ $Y_2 = AB + A'C$

(4) $Y_1 = ABC' + A'B'C$ $Y_2 = AB' + BC + A'C'$

(5) $Y_1 = AB + BC + AC$ $Y_2 = (AB)' + (BC)' + (AC)'$

4. 化简 $F(A, B, C, D) = A'CD' + BD' + AD) \oplus (A'BD' + B'D + BCD')$ 为最简与或式。（2005 年华南理工大学攻读硕士学位研究生入学试题）

5. 画出用与非门和反相器实现下列函数的逻辑图。（2010 年华南理工大学攻读硕士学位研究生入学试题）

(1) $Y = (A' + B)(A + B')C + (BC)'$

(2) $Y = ((AB')' + A'B' + BC)' + A(BC)'$

6. 画出用与非门和反相器实现下列函数的逻辑图。（2011 年华南理工大学攻读硕士学位研究生入学试题）

(1) $Y = BC' + ABC'E + B'(A'D' + AD)' + B(AD' + A'D)$

(2) $Y = CD'(A \oplus B) + A'BC' + A'C'D$，无关项为：$AB + CD = 0$

四、化简题

1. 将 $Y = ABC + A'B + B'CD'$ 化简为最简与或式。（2001 年北京邮电大学攻读硕士学位研究生入学试题）

2. 用卡诺图法化简 $Y = A'BC' + A'BC + BCD + AC'D + ABCD'$。（2004 年北京邮电大学攻读硕士学位研究生入学试题）

3. 用代数法化简 $Y = A'D + BCD + AC'D + ABD$。（2005 年北京邮电大学攻读硕士学位研究生入学试题）

4. 用卡诺图法化简 $Y = \sum m(1, 3, 5, 6, 7, 8, 12, 14) + \sum d(11, 13, 15)$。（2005 年北京邮电大学攻读硕士学位研究生入学试题）

5. 用卡诺图法化简 Y，并要求用最简与或式以及最简或与式两种形式表示。

$Y = \sum m(0, 2, 3, 5, 6, 7, 8, 9) + \sum d(10, 11, 12)$（2009 年北京邮电大学攻读硕士学位研究生入学试题）

6. 将函数 $Y = AC + B'C + BD' + CD' + A(B + C') + A'BCD' + AB'DE$ 化简为最简的与或式。（2010 中国传媒大学攻读硕士学位研究生入学试题）

7. 将函数 $Y = \sum m(0, 2, 3, 4, 5, 6, 11, 12) + \sum d(8, 9, 10, 13, 14, 15)$ 化简为最简的与或式。（2010 年中国传媒大学攻读硕士学位研究生入学试题）

第三章　门　电　路

重点： 各种门电路的逻辑功能，门电路外部特性的理解、掌握和运用。

难点： 掌握门电路外部特性和使用方法。

要求： 掌握各类门电路的工作原理，电路结构及外部特性，能够正确地使用各种常用门电路，包括元器件的选用和元器件接口电路的设计。

课题一 集成门电路逻辑功能的分析

内容提要

1. 已给出门电路输入的电压波形或逻辑状态，求输出的电压波形或逻辑状态

这种情况只需按照给定门电路的逻辑功能逐一找出每一种输入状态下的输出即可。需要注意的问题就是当输入端不是接高、低逻辑电平，而是悬空、经过电阻接地或者接电源电压时，输入端逻辑状态的确定方法。

（1）CMOS 门电路。

① 通常是不允许输入端工作在悬空状态的。

② 输入端经过电阻接地时，与接逻辑低电平等效。

③ 经过电阻接电源电压时，与接逻辑高电平等效。

（2）TTL 门电路。

① 通常认为输入端的悬空状态和接逻辑高电平等效，但易引入干扰，一般不采用。

② 输入端经过电阻（通常取几十千欧以内）接电源电压时，与接逻辑高电平等效。

③ 输入端经过电阻接地时，输入端的电平与电阻阻值大小有关。当电阻阻值很小时（例如只有几十欧姆，小于开门电阻），输入端相当于接逻辑低电平；当电阻阻值达到一定程度以后（大于开门电阻），输入端电压将升高到逻辑高电平。若电阻无穷大（相当于悬空），也可认为高电平。关于开门电阻和关门电阻，读者可自行查阅手册资料。

2. 给出集成门电路的内部电路结构图，求它的逻辑功能

步骤如下：

（1）首先将电路划分为若干个基本功能结构模块。

（2）从输入到输出依次写出每个电路模块输出与输入端逻辑关系式，最后得到整个电路逻辑功能的表达式。

TTL 集成门电路中的几种基本电路模块如图 3-1 所示。图 3-1（d）中的电平偏移结构模块的功能在于实现电平的变换。当输入 A 为高电平时，二极管 VD 导通，输出也是高电平，但输出的高电平比输入高电平低一个二极管的导通压降；当输入 A 为低电平时，二极管工作在截止状态，这时三极管 VT 导通，为输出端提供一个低内阻的对地放电通路。

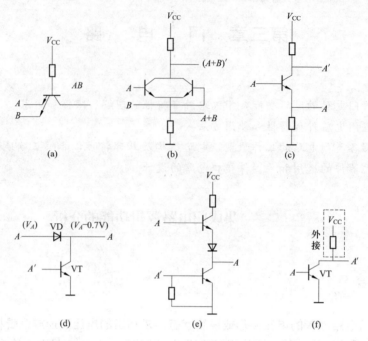

图 3-1　TTL 集成门电路中的几种基本电路结构模块

（a）与结构；（b）或非结构；（c）倒相结构；（d）电平偏移结构；（e）推拉式输出结构；（f）OC 输出结构

CMOS 集成门电路的几种常见基本电路结构模块如图 3-2 所示。

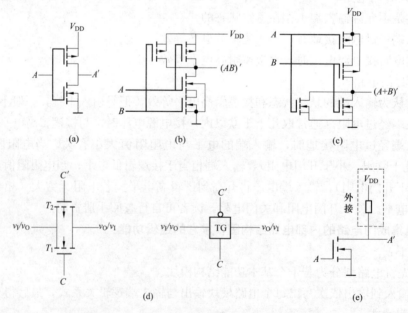

图 3-2　CMOS 门电路中的几种基本电路结构模块

（a）反相结构；（b）与非结构；（c）或非结构；（d）传输门结构及其逻辑符号；（e）OD 输出结构

CMOS 器件构成电路时有两种典型的形式：一是 CMOS 器件中的 NMOS 管相串联，

PMOS 管相并联，称为串联驱动方式；二是 CMOS 器件中的 NMOS 管相并联，PMOS 管相串联，称为并联驱动方式。串联驱动方式具有"与"的功能（对于单元电路则为与非），并联驱动方式具有"或"的功能（对于单元电路则为或非）。

（3）若集成电路图中基本电路结构模块不是很明显，则可以：

① 给定或假设输入信号的高低电平；

② 根据开关特性确定管子的工作状态；

③ 求出输出端和有关各点的电压；

④ 列真值表，说明其逻辑功能。

典型例题

【**例 3-1**】 试分析图 3-3 所示电路的逻辑功能，分 TTL 集成电路和 CMOS 集成电路分别讨论。

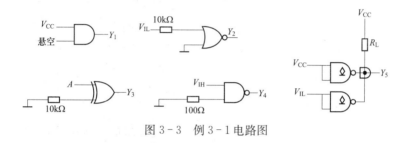

图 3-3 例 3-1 电路图

解 若为 TTL 集成门电路，则 Y_1 为高电平，Y_2 为低电平，Y_3 输出为 A'，Y_4 为高电平，Y_5 为低电平。

若为 CMOS 集成门电路，则 Y_1 无正常输出结果，因为 CMOS 门电路中，输入端不能悬空使用。Y_2 为高电平，Y_3 输出为 A，Y_4 为高电平，Y_5 为低电平。

【**解题指导与点评**】 本题的解题关键在于熟记门电路输入端未接高、低电平，而是悬空、经过电阻接地或接电源电压时，输入端对应逻辑状态的判别方法。

【**例 3-2**】 试分析图 3-4 所示电路的逻辑功能。

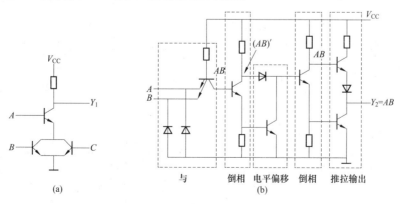

图 3-4 例 3-2 电路图

解　图 3-4（a）所示电路比较简单，对于双极型门电路，在正逻辑下，工作管"并为或"，"串为与"，最后再从输出端"取非"。因此得到

$$Y_1 = (A \cdot (B+C))' = A' + B'C' \tag{3-1}$$

图 3-4（b）电路有点复杂，先将电路划分为虚线框内的五个基本功能模块：第一个模块为"与"结构模块，第二个模块是"倒相"模块，第三个模块为"电平偏移"结构模块，第四个模块是"倒相"模块，第五个模块是"推拉输出"模块。然后从左往右（图 3-4（b））依次写出每个模块的逻辑关系式，最后得到

$$Y_2 = ((AB)')' = AB \tag{3-2}$$

【解题指导与点评】　本题的解题关键在于熟记图 3-1 中所示的 TTL 集成门电路中的几种基本电路模块，依据步骤解题。

【例 3-3】　试分析图 3-5 所示电路的逻辑功能。

解　先将电路划分为虚线框内的四个基本功能模块：第一、二个模块为"反相"结构模块，第三、四个模块为"传输门"结构模块，从左往右依次写出每个模块的逻辑关系式（图 3-5），最后得到

$$Y = A \odot B \tag{3-3}$$

【解题指导与点评】　本题的解题关键在于熟记图 3-2 中所示的 CMOS 集成门电路中的几种基本电路模块，依据步骤解题。本题也可从逻辑真值表进行功能判断。

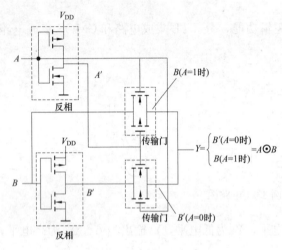

图 3-5　例 3-3 电路

自测题

一、填空题

1. 三态门具有_____、_____和_____三种状态。

2. 已知题图 3-1 所示电路是由 CMOS 门电路构成的，则 $Y_1 = $ _____，$Y_2 = $ _____。

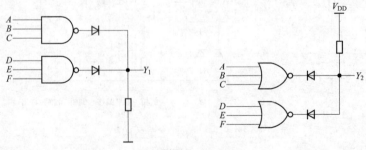

题图 3-1

3. 已知输入 A、B 和输出 Y 的波形如题图 3-2 所示，则对应的逻辑门是_____。

4. 写出题图 3-3 中 TTL 门电路的名称及输出端的状态（高电平、低电平或高阻态）。

Y_1 为 _____ 门电路，输出为 _____；Y_2 为_____门电路，输出为 _____；Y_3 为_____门电路，输出为 _____；Y_4 为_____门电路，输出为 _____。

5. 已知输入 A、B、C 和输出 Y 的波形如题图 3-4 所示，试写出 Y 的最简与或式_____。

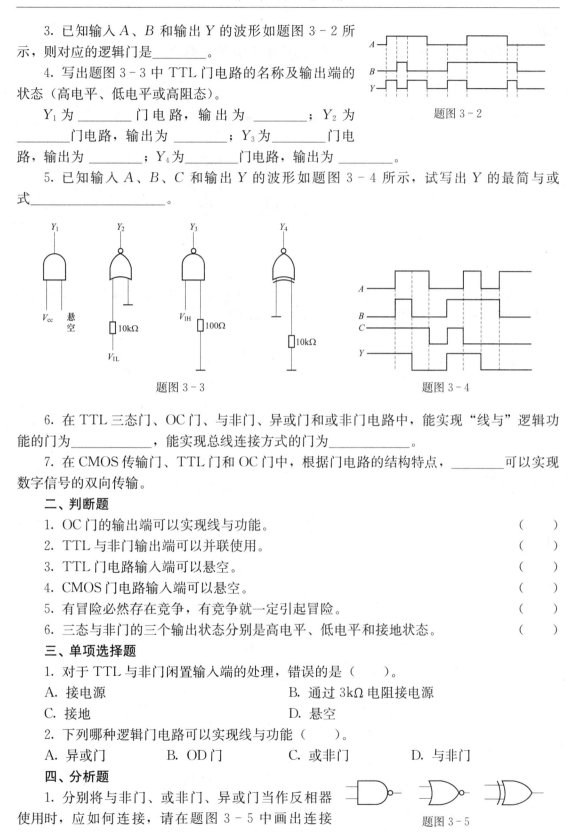

题图 3-2

题图 3-3

题图 3-4

6. 在 TTL 三态门、OC 门、与非门、异或门和或非门电路中，能实现"线与"逻辑功能的门为_____，能实现总线连接方式的门为_____。

7. 在 CMOS 传输门、TTL 门和 OC 门中，根据门电路的结构特点，_____可以实现数字信号的双向传输。

二、判断题

1. OC 门的输出端可以实现线与功能。   （ ）

2. TTL 与非门输出端可以并联使用。   （ ）

3. TTL 门电路输入端可以悬空。   （ ）

4. CMOS 门电路输入端可以悬空。   （ ）

5. 有冒险必然存在竞争，有竞争就一定引起冒险。   （ ）

6. 三态与非门的三个输出状态分别是高电平、低电平和接地状态。   （ ）

三、单项选择题

1. 对于 TTL 与非门闲置输入端的处理，错误的是（   ）。

A. 接电源   B. 通过 $3k\Omega$ 电阻接电源

C. 接地   D. 悬空

2. 下列哪种逻辑门电路可以实现线与功能（   ）。

A. 异或门   B. OD 门   C. 或非门   D. 与非门

四、分析题

1. 分别将与非门、或非门、异或门当作反相器使用时，应如何连接，请在题图 3-5 中画出连接

题图 3-5

方法。

2. 分析题图 3-6 中电路的逻辑功能，写出输出的逻辑函数式。

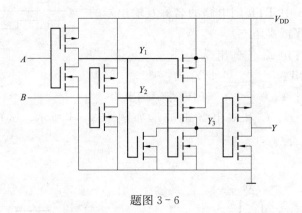

题图 3-6

3. 在题图 3-7 中所示的 CMOS 电路中，要求实现输出端所规定的逻辑关系，请判断各电路的接法是否正确？如有错误请改正（画出正确的图）。

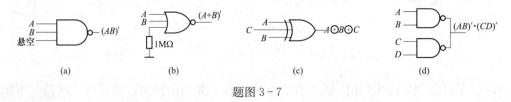

题图 3-7

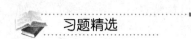 习题精选

1. 判断题图 3-8 所示各 TTL 电路接法的对与错，设关门电阻 $R_{OFF}=0.91\text{k}\Omega$，开门电阻 $R_{ON}=1.93\text{k}\Omega$。

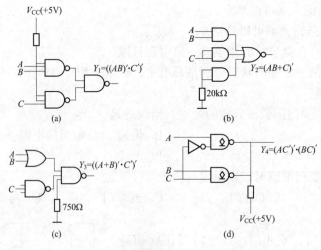

题图 3-8

2. 指出题图 3-9 中所示各 CC4000 系列 CMOS 门电路的输出是高电平还是低电平？

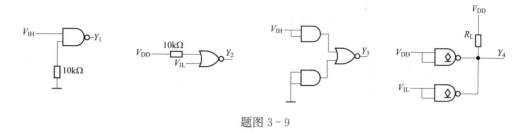

题图 3-9

3. 试分析题图 3-10 所示电路的逻辑功能。

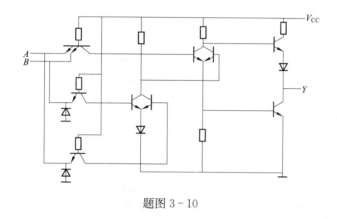

题图 3-10

4. 写出题图 3-11 所示 CMOS 电路的输出 L 的逻辑表达式。

5. 写出题图 3-12 所示 CMOS 电路的输出 Y 的逻辑表达式。

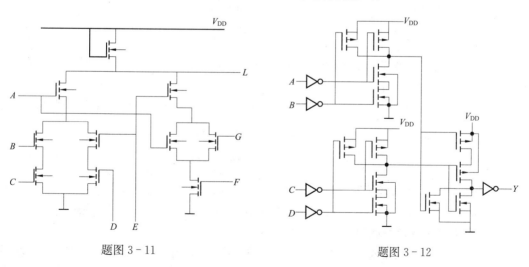

题图 3-11   题图 3-12

6. 为什么说 TTL 与非门的输入端在以下 4 种接法下都属于逻辑 0：

(1) 输入端接地；

(2) 输入端接低于 0.8V 的电源；

（3）输入端接同类与非门的输出低电压 0.2V；

（4）输入端通过 500Ω 的接地电阻。

7. 为什么说 TTL 与非门的输入端在以下 4 种接法下都属于逻辑 1：

（1）输入端悬空；

（2）输入端接高于 2V 的电源；

（3）输入端接同类与非门的输出高电压 3.6V；

（4）输入端通过 10kΩ 的电阻接地。

 **课题二** **门电路输入特性和输出特性的应用**

📢 **内容提要**

本节内容是应用数字集成电路的输入电气特性和输出电气特性来解决集成电路之间的相互连接、集成电路与输入端外接电路的连接以及集成电路与输出端外接负载的连接问题。

1. TTL 电路扇出系数的计算

一个门电路可以同时驱动某一种门电路的最大数目称为扇出系数。

解题方法和步骤：

（1）首先需要知道四个电流参数，即驱动门的低电平输出电流最大值 $I_{OL(max)}$ 和驱动门的高电平输出电流最大值 $I_{OH(max)}$；负载门的低电平输入电流最大值 $I_{IL(max)}$ 和负载门的高电平输入电流最大值 $I_{IH(max)}$。这四个参数可以从手册上查到。

（2）当驱动门输出低电平时，计算在 $I_{OL} \leqslant I_{OL(max)}$ 的条件下，驱动门能驱动负载门的数目 N_1，电流方向匹配关系如图 3-6（a）所示，这时应满足

$$I_{OL} = N_1 \mid k I_{IL(max)} \mid \leqslant I_{OL(max)} \Rightarrow N_1 \leqslant \frac{I_{OL(max)}}{\mid k I_{IL(max)} \mid} \tag{3-4}$$

式（3-4）中，负载门为或/或非门时，k 等于每个负载门的并联输入端个数；负载门为非/与/与非门时，k 等于 1。

（3）当驱动门输出高电平时，计算在 $I_{OH} \leqslant I_{OH(max)}$ 的条件下，驱动门能驱动负载门的数目 N_2，电流方向匹配关系如图 3-6（b）所示，这时应满足

$$I_{OH} = N_2 \mid k' I_{IH(max)} \mid \leqslant I_{OH(max)} \Rightarrow N_2 \leqslant \frac{I_{OH(max)}}{\mid k' I_{IH(max)} \mid} \tag{3-5}$$

式（3-5）中，k' 是每个负载门的并联输入端个数。

（4）取 N_1、N_2 中小的一个，即为所求的扇出系数。

2. TTL 电路输入端串联电阻允许值的计算

如图 3-7 所示，当输入信号经过串联电阻 R_P 接到门电路的输入端时，由于 TTL 电路的高电平输入电流和低电平输入电流都不等于零，所以在串联电阻 R_P 上要产生压降。当输入信号为高电平时，如图 3-7（a）所示，如果 R_P 过大，则 V_A 将低于规定的 $V_{IH(min)}$，这是不允许的。同理，当输入信号为低电平时，如图 3-7（b）所示，如果 R_P 过大，则 V_A 将高于规定的 $V_{IL(max)}$，这也是不允许的。因此，需要综合考虑，计算出 R_P 阻值的合理允许

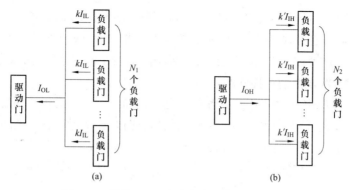

图 3-6 计算 TTL 电路扇出系统的原理框图

（a）驱动门输出低电平；（b）驱动门输出高电平

范围。

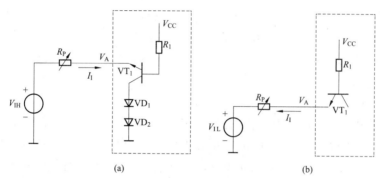

图 3-7 TTL 电路输入端串联电阻允许值的计算

（a）输入高电平时；（b）输入低电平时

解题思路如下：

（1）计算 $V_I = V_{IH}$ 时 R_P 的最大允许值。为保证 $V_A \geqslant V_{IH(min)}$，即

$$V_A = V_{IH} - I_{IH(max)} \cdot R_P \geqslant V_{IH(min)} \Rightarrow R_P \leqslant \frac{V_{IH} - V_{IH(min)}}{I_{IH(max)}} \qquad (3-6)$$

式（3-6）中 V_{IH}、$V_{IH(min)}$、$I_{IH(max)}$ 的具体数值由题目给出，也可以从器件手册中查到。$I_{IH(max)}$ 的值在 $V_A \geqslant V_{IH(min)}$ 的范围内基本不变。如果 V_A 处有多个输入端并联，则应以总的输入电流代替式（3-6）中的 $I_{IH(max)}$。

（2）计算 $V_I = V_{IL}$ 时 R_P 的最大允许值。由图 3-7（b）可知，为保证 $V_A \leqslant V_{IL(max)}$，$R_P$ 上压降应小于（$V_{IL(max)} - V_{IL}$）。因为 R_P 与 R_1 同处于一个串联支路中，所以两个电阻上的压降之比等于它们的电阻值之比，即

$$R_P \left(\frac{V_{CC} - V_{BE1} - V_{IL(max)}}{R_1} \right) \leqslant V_{IL(max)} - V_{IL}$$

$$\Rightarrow R_P \leqslant \frac{V_{IL(max)} - V_{IL}}{V_{CC} - V_{BE1} - V_{IL(max)}} \cdot R_1 \qquad (3-7)$$

式（3-7）中 V_{IL}、$V_{IL(max)}$ 的具体数值由题目给出，也可以从器件手册中查到。V_{BE1} 是 VT_1 发射结的导通压降，硅管约为 0.7V。

如果 V_A 处有 n 个 TTL 门电路并联，则可以利用戴维南定理将这 n 个输入电路等效为 V_{CC}、V_{BE1} 和一个电阻值为 R_1/n 的电阻串联的支路，并以 R_1/n 代替式（3-7）中的 R_1。

（3）取式（3-6）和式（3-7）的计算结果中阻值较小的一个作为 R_P 的最大允许值。

3. TTL 和 CMOS 电路的连接问题

在目前 TTL 和 CMOS 两种电路并存的情况下，经常会遇到需将两种器件互相连接的问题。当各器件的逻辑电平不一致，不能正确接收信息时，就要考虑它们之间的连接问题，应使用必要的接口电路。无论是用 TTL 电路驱动 CMOS 电路还是用 CMOS 电路驱动 TTL 电路，驱动门必须能够为负载门提供合乎标准的高、低电平和足够的驱动电流，也就是必须同时满足下列各式

$$\begin{array}{lll} \text{驱动门} & \text{负载门} & \\ V_{OH(min)} & \geqslant \quad V_{IH(min)} & (3-8) \\ V_{OL(max)} & \leqslant \quad V_{IL(max)} & (3-9) \\ |I_{OH(max)}| & \geqslant \quad nI_{IH(max)} & (3-10) \\ I_{OL(max)} & \geqslant \quad m|I_{IL(max)}| & (3-11) \end{array}$$

其中 n 和 m 分别为负载电流中 I_{IH}、I_{IL} 的个数。通常将可以驱动负载门的数目称为扇出（fan-out）系数。

（1）TTL 与 CMOS 接口。

① 若 CMOS 同 TTL 电源电压相同都为 5V，则两种门可直接相连。由于 TTL 门电路输出高电平的典型值为 3.4V，而 CMOS 电路的输入高电平要求高于 3.5V，则需要采用如图 3-8 所示电路，R_L 可选几百欧到几千欧，这样使 TTL 电路的推拉式输出结构中上下两个三极管均截止，R_L 流过的电流极小，其输出电平可接近 V_{CC}。

② 若 CMOS 电源电压 V_{DD} 高于 TTL 电路电源电压 V_{CC}，则选用具有电平偏移功能的 CMOS 门（如 CC74HC109），其输入接收 TTL 电平，而输出 CMOS 电平，电路如图 3-9 所示。或采用 TTL（OC）门作为 CMOS 的驱动门，如图 3-10 所示。

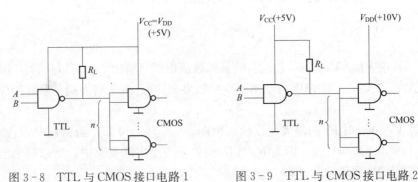

图 3-8 TTL 与 CMOS 接口电路 1   图 3-9 TTL 与 CMOS 接口电路 2

（2）CMOS 与 TTL 接口。

当 CMOS 电源电压与 TTL 门相同时，CMOS 与 TTL 门的逻辑电平相同，但由于 CMOS 门在输出低电平时能承受的灌电流较小，而 CT74 系列 TTL 门的输入短路电流较大，所以 CMOS 门的驱动能力不适应 TTL 门的要求。这样用 CMOS 门驱动 TTL 门时，不能保证 CMOS 输出符合规定的低电平。为解决此问题，可采用 CMOS-TTL 电平转换器

（CC74HC90、CC74HC50），电路如图 3－11 所示。也可采用漏极开路的 CMOS 驱动器，如 CC74HC107，如图 3－12 所示。它可以驱动 10 个 CT74 系列负载门。

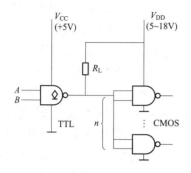

图 3－10 TTL 与 CMOS 接口电路 3

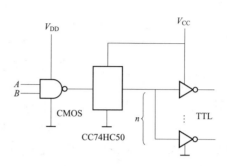

图 3－11 CMOS 与 TTL 接口电路 1

在找不到合适的驱动门足以满足大负载电流要求的情况下，可以使用分立器件的电流放大器实现电流扩展，作为接口电路，驱动负载，如图 3－13 所示。为了保证接口电路在 $v_I=V_{IL}$ 时，v_O 的高电平高于要求的 V_{OH}；在 $v_I=V_{IH}$ 时三极管饱和导通（$v_O≈0$），无论是分析给定接口电路，还是设计接口电路，电路参数的配合必须符合以下关系：

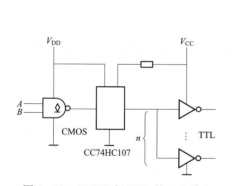

图 3－12 CMOS 与 TTL 接口电路 2

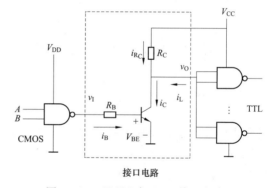

图 3－13 CMOS 与 TTL 接口电路 3

① 当 $v_I=V_{IL}$ 时，$V_{BE}≤V_{ON}$（开启电压，硅管约为 0.6V），三极管截止，且

$$v_O=V_{CC}-R_C|i_L|≥V_{OH} \tag{3－12}$$

② 当 $v_I=V_{IH}$ 时，三极管饱和导通，即

$$\begin{cases} I_{BS}=\dfrac{i_C}{\beta}=\dfrac{1}{\beta}(i_{RC}+i_L)=\dfrac{1}{\beta}\left(\dfrac{V_{CC}-V_{CE(sat)}}{R_C}+i_L\right) \\ i_B=\dfrac{v_1-V_{BE}}{R_B}≥I_{BS} \end{cases} \tag{3－13}$$

式（3－13）中 I_{BS} 为三极管的基极饱和电流，$V_{CE(sat)}$ 是三极管的饱和压降，β 是三极管的电流放大倍数。

4. 输入端噪声容限

在保证门电路输出的高、低电平在允许的范围内变化时，允许输入信号的高、低电平有一个波动范围，这个范围称为输入端的噪声容限，用 V_N 来表示。

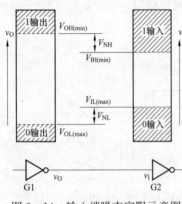

一般门电路都规定了输出高电平的最小值 $V_{OH(min)}$，输出低电平的最大值 $V_{OL(max)}$；同时也规定了输入高电平的最小值 $V_{IH(min)}$，输入低电平的最大值 $V_{IL(max)}$。

在将许多门电路相互连接组成系统时，前一级门电路的输出就是后一级门电路的输入。图 3-14 给出了此种情况下输入端噪声容限的计算方法。当前一级门 G1 输出为低电平，则后一级门 G2 输入也应为低电平。若由于某种干扰，使得 G2 的输入低电平是前一级门 G1 输出低电平和干扰信号的叠加而成，为了保证 G2 有个正常的输出高电平，即 $V_O > V_{OH(min)}$，则这个干扰的范围即为 G2 门输入端的电压波动范围，称为噪声容限。根据 G1 输出低电平的最大值 $V_{OL(max)}$ 和 G2 的输入低电平的最大值 $V_{IL(max)}$，可求得输入为低电平时允许的干扰范围

图 3-14　输入端噪声容限示意图

$$V_{NL} = V_{IL(max)} - V_{OL(max)} \tag{3-14}$$

同理求得输入端为高电平时允许的干扰范围

$$V_{NH} = V_{OH(min)} - V_{IH(min)} \tag{3-15}$$

噪声容限表示门电路的抗干扰能力。显然，噪声容限越大，电路的抗干扰能力越强。

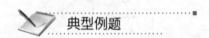
典型例题

【例 3-4】　已知双四输入 TTL 与非门 74LS20 的参数为 $I_{OH} = 0.4\text{mA}$，$I_{OL} = 16\text{mA}$，$I_{IL} = -1.6\text{mA}$，$I_{IH} = 40\mu\text{A}$，试问若按图 3-15（a）所示连接，门 G 可以驱动多少个同类逻辑门？若按图 3-15（b）所示连接，门 G 可以驱动多少个同类逻辑门？

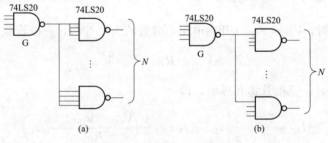

图 3-15　例 3-4 电路图

解　（1）若按图 3-15（a）所示连接。

① 设 G 输出为高电平时，可以带 N_1 个同类逻辑门，将参数带入式（3-5）中，则求得

$$4I_{IH}N_1 \leqslant I_{OH} \Rightarrow N_1 \leqslant \frac{I_{OH}}{4I_{IH}} = \frac{0.4 \times 10^{-3}\text{A}}{4 \times 40 \times 10^{-6}\text{A}} = 2.5$$

② 设 G 输出为低电平时，可以带 N_2 个同类逻辑门，将参数带入式（3-4）中，则求得

$$I_{IL}N_2 \leqslant I_{OL} \Rightarrow N_2 \leqslant \frac{I_{OL}}{I_{IL}} = \frac{16 \times 10^{-3}}{1.6 \times 10^{-3}}A = 10$$

综上，门 G 能带 2 个同类逻辑门。

（2）按图 3-15（b）所示连接，则负载门变为反相器（其中有 3 个输入端悬空），则计算门 G 低电平输出时驱动门的个数不变，而门 G 高电平输出时驱动门的个数变为

$$N_1 \leqslant \frac{I_{OH}}{I_{IH}} = \frac{0.4 \times 10^{-3}A}{40 \times 10^{-6}A} = 10$$

综上，门 G 能带 10 个同类逻辑门。

【解题指导与点评】 本题解题的关键点在于弄清驱动门输出分别为高、低电平时与后级门的电流匹配关系，包括方向匹配和大小匹配。驱动门的扇出系数和负载门输入端是否都接到驱动门的输出端有关，连接不同时，扇出系数可能不同。

【例 3-5】 如图 3-16 所示，已知 G1 和 G2 均为 74 系列反相器，$V_{CC}=5V$，$V_{OH}=3.4V$，$V_{OL}=0.2V$，$V_{IH(min)}=2.0V$，$V_{IL(max)}=0.8V$，要求，$v_{O1}=V_{OH}$ 时，$v_{I2} \geqslant V_{IH(min)}$；$v_{O1}=V_{OL}$ 时，$v_{I2} \leqslant V_{IL(max)}$；试计算的 R_P 最大允许值是多少？

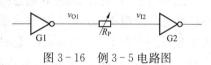

图 3-16 例 3-5 电路图

解 （1）计算 $v_{O1}=V_{OH}$，为满足 $v_{I2} \geqslant V_{IH(min)}$ 时，R_P 的最大允许值。

查阅资料，当 $v_{I2}=V_{IH(min)}=2.0V$ 时，对应的输入电流 $I_{IH}=0.04mA$，将 $V_{IH(min)}$ 和 I_{IH} 的值代入式（3-6）中，得到 $R_P \leqslant 35k\Omega$。

（2）计算 $v_{O1}=V_{OL}$，满足 $v_{I2} \leqslant V_{IL(max)}$ 时，R_P 的最大允许值。

将给定参数带入式（3-7）中，得到 $R_P \leqslant 0.69k\Omega$。

综合以上两种情况，应选取 $R_P \leqslant 0.69k\Omega$。即 G1 和 G2 均之间串联的电阻不应大于 0.69 $k\Omega$，否则当 $v_{O1}=V_{OL}$ 时，v_{I2} 可能超过 $V_{IL(max)}$ 值。

【解题指导与点评】 本题考察 TTL 电路输入端串联电阻允许值的计算知识点。理解原理就能正确选取合适的电阻值。

【例 3-6】 如图 3-17 所示，CMOS 门电路 G1 通过接口电路同时驱动 TTL 与非门 G2 和 G3，TTL 或非门 G4 和 G5，已知 G1 输出的高、低电平分别为 4.3V 和 0.1V，输出电阻小于 50Ω；G2～G5 的高电平输入电流 $I_{IH}=40\mu A$，低电平输入电流 $I_{IL}=-1.6mA$；三极

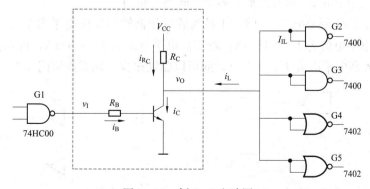

图 3-17 例 3-6 电路图

管的电流放大系数 $\beta = 60$，饱和压降 $V_{CE(sat)} \leq 0.2V$。要求接口电路输出的高电平 $V_{OH} \geq$ 3.4V，低电平 $V_{OL} \leq 0.2V$；试选择一组合适的 R_B 和 R_C 的阻值。

解 （1）当 G1 输出低电平时，接口电路的输入为 $v_I = V_{IL} = 0.1V$，故三极管截止，接口电路的输出 v_O 的高电平应满足式（3-12），即 $v_O = V_{CC} - R_C|i_L| \geq 3.4V$。为了保证 $V_{OH} \geq 3.4V$，选 $V_{CC} = 5V$，而 $|i_L| = 8|I_{IH}| = 0.32mA$，于是得到

$$R_C \leq \frac{V_{CC} - 3.4}{|i_L|} = \frac{5 - 3.4}{0.32}k\Omega = 5.0k\Omega$$

（2）当 G1 输出高电平时，接口电路的输入为 $v_I = V_{IH} = 4.3V$，为保证三极管饱和导通，应满足 $i_B \geq I_{BS}$，结合式（3-13），可得

$$\frac{V_{IH} - V_{BE}}{R_B} \geq \frac{1}{\beta}\left(\frac{V_{CC} - V_{CE(sat)}}{R_C} + i_L\right) \qquad (3-16)$$

因为与非门的输入端并联后总的低电平输入电流和输入端的个数无关，而或非门输入端并联后总的低电平输入电流按输入端的个数增加，所以当 v_O 为低电平时，接口电路总的负载电流 $|i_L| = 6|I_{IL}| = 9.6mA$。已选定 $V_{CC} = 5V$，那么式（3-16）中有 R_B 和 R_C 两个待定参数。通常可以在已求出的 R_C 允许阻值范围内选定一个阻值，然后代入式（3-16）中求出所需要的 R_B 值。本例中若取 $R_C = 2k\Omega$，则将相应参数代入式（3-16）中可得 $R_B \leq 18k\Omega$。

由于产品手册上给出的值通常都是三极管工作在线性放大区时的 β 值，而进入饱和区以后 β 值迅速减少，所以应当选用比上面计算结果更小的 R_B 阻值。在本例中可以选取 $R_B = 12k\Omega$（或者 15k\Omega）。

【解题指导与点评】 本题考查知识点是分立元件三极管作为接口电路驱动负载门时的参数配置原理。注意：当讨论负载电流时，要按负载门类型和其连接方法正确计算。

自测题

1. 已知某 CMOS 门电路的参数：$V_{OH(min)} = 4.95V$，$V_{OL(max)} = 0.05V$，$V_{IH(min)} = 4.0V$，$V_{IL(max)} = 1.0V$。试计算该门电路输入为高电平的噪声容限 V_{NH} 和输入为低电平的噪声容限 V_{NL}。

2. 如题图 3-13 所示电路，已知 TTL 与非门的参数为 $I_{OH} = 0.5mA$，$I_{OL} = 8mA$，$I_{IL} = -0.4mA$，$I_{IH} = 40\mu A$，问可以驱动多少个同类逻辑门？

3. 如题图 3-14 所示电路，已知 74 系列的反相器输出高低电平为 $V_{OH} \geq 3.2V$，$V_{OL} \leq 0.2V$，输出低电平电流为 $I_{OL} = 16mA$，输出高电平电流为 $I_{OH} = 4mA$，输入低电平电流 $I_{IL} = -1mA$，输入高电平电流 $I_{IH} = 40\mu A$，问可以驱动多少个同类逻辑门？

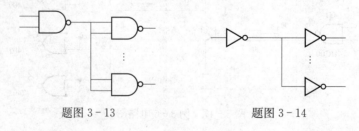

题图 3-13   题图 3-14

习题精选

1. TTL-CMOS 接口电路如题图 3-15 所示，试从电平匹配的角度分析 R_L 的作用。

2. 电路如题图 3-16 所示，已知 G1、G2 均为 TTL 门电路，为使其在 $C=1$ 时 $Y=B'$，试确定 R 的阻值范围。

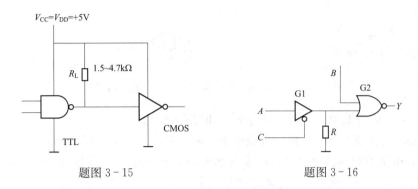

题图 3-15 　　　　　　　　　　　　　　题图 3-16

3. 画出题图 3-17 电路在 A、B、C 输入波形作用下的输出 Y 的波形，并说明在不同输入（A、B、C）条件下，三态门 G1 输出端的电压值。（哈尔滨工业大 2001 年攻读硕士学位研究生入学考试试题）

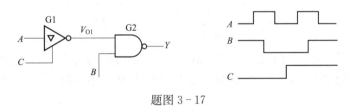

题图 3-17

课题三　OC 门和 OD 门外接上拉电阻阻值的计算

内容提要

OC 门和 OD 门的应用电路接法可以画成图 3-18 所示的形式。电阻 R_L 的计算方法，分为以下三步。

（1）当 OC 门（或 OD 门）全部截止，输出为高电平时，由图 3-18（a）可知，所有 OC 门输出三极管截止状态下的漏电流 I_{OH} 和负载电路全部的高电平输入电流 $\sum I_{IH}$ 全部流过 R_L，在 R_L 上产生压降。为保证输出的高电平 $v_O \geqslant V_{OH(min)}$，$R_L$ 的阻值不能取得太大。据此可求出此种情况下的 R_L 的最大允许值。列式得到

$$V_{CC} - R_L(nI_{OH} + mI_{IH}) \geqslant V_{OH(min)}$$

$$\Rightarrow R_L \leqslant \frac{V_{CC} - V_{OH(min)}}{nI_{OH} + mI_{IH}} = R_{L(max)} \tag{3-17}$$

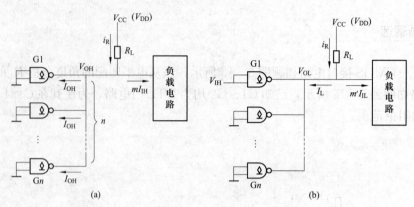

图 3-18 OC 门和 OD 门应用电路的一般结构形式

式（3-17）中的 m 是负载门电路高电平输入电流的数目。

（2）当 OC 门（或 OD 门）输出为低电平，而且只有一个 OC 门导通时，为了保证流经的电流和负载电路所有的低电平输入电流全部流入一个导通的 OC 门时，仍然不会超过允许的最大电流 $I_{OL(max)}$，R_L 的阻值不能取得太小。据此可求出此种情况下的 R_L 的最小允许值。由图 3-18（b）可求得

$$\frac{V_{CC} - V_{OL}}{R_L} + |m'I_{IL}| \leqslant I_{OL(max)}$$

$$\Rightarrow R_L \geqslant \frac{V_{CC} - V_{OL}}{I_{OL(max)} - |m'I_{IL}|} = R_{L(min)} \tag{3-18}$$

式（3-18）中的 V_{OL} 是 OC 门输出三极管的饱和导通压降，具体数值通常都在 0.2V 左右。m' 是负载门电路低电平输入电流的数目。负载为 CMOS 门电路时，m' 和式（3-17）中 m 相等。

（3）在 $R_{L(max)}$ 和 $R_{L(min)}$ 中间选定一个标称电阻值作为 R_L 的阻值。

典型例题

【例 3-7】 如图 3-19 所示，G1、G2、G3 是 74LS 系列 OC 门，输出管截止时的漏电流 $I_{OH} \leqslant 100\mu A$，输出低电平 $V_{OL} \leqslant 0.4V$ 时，允许的最大负载电流 $I_{OL(max)} = 8mA$。G4、G5、G6 是 74LS 系列与非门，它们的输入电流 $|I_{IL}| \leqslant 0.4mA$，$|I_{IH}| \leqslant 20\mu A$。给定 $V_{CC} = 5V$，要求 OC 门的输出高、低电平应满足 $V_{OH} \geqslant 3.2V$、$V_{OL} \leqslant 0.4V$，试计算电路中的上拉电阻 R_L 的阻值范围。

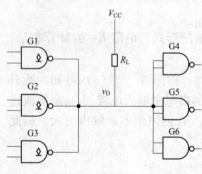

图 3-19 例 3-7 电路图

解 （1）根据式（3-17）可求出 R_L 的最大允许值为

$$R_{L(max)} = \frac{V_{CC} - V_{OH(min)}}{nI_{OH} + mI_{IH}} = \frac{5 - 3.2}{3 \times 0.1 + 6 \times 0.02}k\Omega = 4.29k\Omega$$

（2）根据式（3-18）可求出 R_L 的最小允许值为

$$R_{L(min)} = \frac{V_{CC} - V_{OL}}{I_{OL(max)} - |m' I_{LH}|} = \frac{5 - 0.4}{8 - 3 \times 0.4} k\Omega = 0.68 k\Omega$$

综合两种情况，取 $0.68 k\Omega \leqslant R_L \leqslant 4.29 k\Omega$

【解题指导与点评】 本题套用公式时，要根据电路图中电流关系正确选取 m' 和 m 的值。

【例 3-8】 如图 3-20 所示，用 OC 门 G1 和 G2 并联输出驱动三极管开关电路。要求，输出 OC 门输出高电平时三极管 VT 饱和导通，OC 门输出低电平时三极管 VT 截止。已知 OC 门 7403 输出高电平时输出端三极管截止时的漏电流 $I_{OH} \leqslant 100 \mu A$，输出低电平 $V_{OL} = 0.2V$ 时，允许的最大负载电流 $I_{OL(max)} = 16mA$。三极管 VT 的电流放大倍数 $\beta = 50$，集电极负载电阻 $R_C = 1k\Omega$，饱和导通压降 $V_{CE(sat)} = 0.1V$。饱和导通内阻 $R_{CE(sat)} = 20\Omega$。给定 $V_{CC1} = 5V$，$V_{CC2} = 10V$。试求 R_L 的取值允许范围。

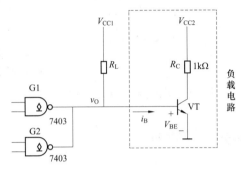

图 3-20 例 3-8 电路图

解 （1）当 OC 门 G1 和 G2 同时截止时，v_O 为高电平。因为三极管的发射结导通后，v_O 被钳位在 0.7V，所以 $V_{OH} = 0.7V$。这时由 V_{CC1} 经 R_L 提供给三极管 VT 的基级电流 I_B（即负载电路的输入电流）应大于三极管 VT 的饱和基级电流 I_{BS}，所以 R_L 的值不能太大。根据式（3-17）可求出 R_L 的最大允许值为

$$R_{L(max)} = \frac{V_{CC1} - V_{BE}}{2I_{OH} + I_{BS}} = \frac{5 - 0.7}{2 \times 0.1 + I_{BS}}$$

其中 $I_{BS} = \dfrac{V_{CC2} - V_{CE(sat)}}{\beta(R_C + R_{CE(sat)})} = \dfrac{10 - 0.1}{50(1 + 0.02)} mA \approx 0.2mA$，带入上式后得到

$$R_{L(max)} = \frac{5 - 0.7}{2 \times 0.1 + 0.2} k\Omega = 10.8 k\Omega$$

（2）当 OC 门 G1 和 G2 中有一个导通时，输出为低电平 $V_{OL} = 0.2V$。这时三极管 VT 截止，负载电路的输入电流 $i_B = 0$。为保证 OC 门的负载电流不超过 $I_{OL(max)}$，R_L 的值不能太小。根据式（3-18）可求出 R_L 的最小允许值为

$$R_{L(min)} = \frac{V_{CC1} - V_{OL}}{I_{OL(max)}} = \frac{5 - 0.2}{16} k\Omega = 0.3 k\Omega$$

综上，取 $0.3 k\Omega \leqslant R_L \leqslant 10.8 k\Omega$

【解题指导与点评】 本题解题要点在于前一级 OC 门不同状态输出时，对应的负载电路负载电流的确定。

 自测题

1. 试说明下列各种门电路中哪些电路输出端可以并联使用：

（1）具有推拉式输出级的 TTL 门电路；

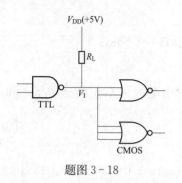

（2）TTL 的 OC 门；

（3）TTL 电路的三态输出门；

（4）普通 CMOS 门电路；

（5）漏极开路的 CMOS 门；

（6）CMOS 电路的三态输出门。

2. 题图 3 - 18 是用 TTL 电路驱动 CMOS 电路的实例，试计算上拉电阻 R_L 的取值范围。TTL 与非门在 $V_{OL} \leqslant 0.3V$ 时的最大输出电流为 8mA，输出端截止时有 $50\mu A$ 的漏电流。CMOS 或非门的输入电流可以忽略。要求加到 CMOS 或非门输入端的电压 V_I 满足 $V_{IH} \geqslant 4V$，$V_{IL} \leqslant 0.3V$。（给定电源电压 $V_{DD} = 5V$）

题图 3 - 18

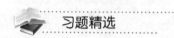习题精选

1. 电路如题图 3 - 19 所示，已知三极管导通时，$V_{BE} = 0.7V$，当饱和时，$V_{CES(sat)} = 0.3V$，$\beta = 100$；OC 门的最大允许灌入电流 $I_{OH(max)} = 10mA$，输出低电平 $V_{OL} = 0.3V$；TTL 与非门的 $I_{IL} = 1.5mA$，$I_{IH} = 20mA$，要求当三极管集电极输出 P 端为高电平时，$V_{PH} = 3.5V$，低电平时，$V_{PL} = 0.3V$。试求：

（1）如 P 端接 5 个与非门，则 R_B 的取值范围为多少；

（2）如 $R_B = 20k\Omega$，则此时电路能带多少个与门；

（3）若将 OC 门换成普通 TTL 与非门，则电路会有什么问题。

2. 电路如题图 3 - 20 所示，已知 OC 门输出低电平时允许的最大负载电流（灌入）为 $I_{OL} = 16mA$，输出高电平时的输出的电流 $I_{OH} = 250\mu A$；与非门的高电平输入电流 $I_{IH} = 20\mu A$，输入短路电流 $I_{IS} = 1.6mA$，$V_{CC} = 5V$。要求 $V_{OH} \geqslant 2.4V$，$V_{OL} \leqslant 0.35V$。试计算外接电阻 R_L 的取值范围，并确定 R_L 的阻值。

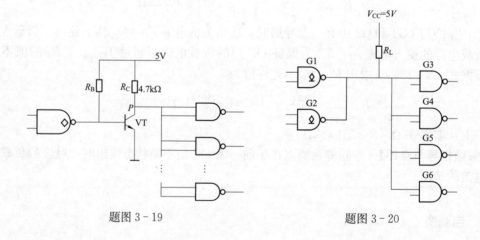

题图 3 - 19　　　　　　　题图 3 - 20

第四章　组合逻辑电路

重点：组合逻辑电路的特点、逻辑功能表示方法；组合逻辑电路的基本分析方法、设计方法；用中规模集成组合逻辑电路（MSI）设计其他组合逻辑电路的方法。

难点：如何将设计要求转化为逻辑问题，得到明确的逻辑真值表；中规模集成组合逻辑电路（MSI）设计其他组合逻辑电路的方法。

要求：熟练掌握以下基本内容：组合逻辑电路的特点及逻辑功能描述方法；小规模集成门（SSI）构成组合逻辑电路的基本分析方法、设计方法；中规模集成组合逻辑电路（MSI）的分析方法；中规模集成组合逻辑电路（MSI）设计其他组合逻辑电路的方法。

课题一 **SSI 构成的组合逻辑电路的分析方法**

内容提要

组合逻辑电路的分析是由给定的电路，通过分析找出输出变量和输入变量之间的逻辑关系，描述出电路的逻辑功能。组合逻辑电路的功能描述可以用逻辑式、卡诺图、真值表等多种方法，这里特指的是用概括的文字进行功能描述。

给定的逻辑电路可以分为两种类型，一种是用小规模集成门电路（SSI）构成的，另一种是用中规模集成常用组合逻辑电路（MSI）组成的。分析由 SSI 构成的组合逻辑电路一般按如下步骤进行：

① 根据给出的逻辑电路，从输入到输出逐级写出每个逻辑门的输出逻辑函数式，最后得到以输入变量表示的输出变量的逻辑函数式。

② 用公式化简法或卡诺图化简法将得到的函数式化简或变换，使逻辑关系简单明了。

③ 根据化简或变换后的逻辑函数式列出真值表。

④ 根据真值表判断电路的逻辑功能。

典型例题

【例 4-1】 试分析图 4-1 所示组合电路的逻辑功能，写出输出的逻辑函数式，列出真值表，说明电路逻辑功能的特点。

解 分析过程如下：

（1）根据图 4-1 给定的逻辑图，从输入级到输出级逐级写出每个逻辑门输出的函数式

$$\begin{cases} Y_1 = A \oplus B \oplus C \\ Y_2 = AB + (A \oplus B)C \end{cases} \tag{4-1}$$

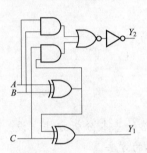

图 4-1　例 4-1 电路图

（2）用公式化简法或卡诺图化简法将得到的函数式化简或变换，使逻辑关系简单明了。

$$\begin{cases} Y_1 = A \oplus B \oplus C \\ Y_2 = AB + (A \oplus B)C = AB + A'BC + AB'C = AB + BC + AC \end{cases}$$

$$(4-2)$$

此例题式（4-1）中 Y_1 已经能够容易的列出真值表，所以，不用再化简变换。

（3）列出真值表，如表 4-1 所列。

（4）电路的逻辑功能分析。由真值表可知，该电路为一位全加器电路。输入变量 A、B、C 分别为两个加数与低位向高位的进位，Y_1 是本位和，Y_2 是本位向高位的进位。

【解题指导与点评】　本题考查的知识点是分析 SSI 构成的组合逻辑电路的功能。在遵循分析步骤的时候要具体情况具体分析。例如，当根据逻辑图逐级写出的逻辑函数式已经易于转化成真值表的形式，就没有必要再对函数式进行化简变换，否则反而增加解题难度。所以，分析步骤中对函数式的化简变换是为了更容易列出真值表，读者要正确理解该步骤。同时，这种多输出变量的逻辑电路的功能分析，一般要考虑多个输出变量，综合总结出电路的逻辑功能。

表 4-1　例 4-1 所表示函数的真值表

输入			输出	
A	B	C	Y_1	Y_2
0	0	0	0	0
0	0	1	1	0
0	1	0	1	0
0	1	1	0	1
1	0	0	1	0
1	0	1	0	1
1	1	0	0	1
1	1	1	1	1

【例 4-2】　试分析图 4-2 所示电路的逻辑功能。写出输出的逻辑函数式，列出真值表，说明电路逻辑功能的特点。

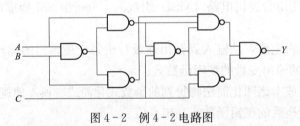

图 4-2　例 4-2 电路图

解　（1）图 4-2 给定的逻辑图级数较多且都是与非门，逐级书写过程中极易出错，因此在图 4-2 中适当标出中间函数变量有助于解题，如图 4-3 所示，列出中间变量的函数式

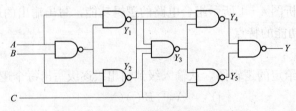

图 4-3　例 4-2 增加标注后的电路图

$$\begin{cases} Y_1 = (A(AB)')' \\ Y_2 = (B(AB)')' \\ Y_3 = (Y_1 \cdot Y_2 \cdot C)' \\ Y_4 = (Y_1 \cdot Y_2 \cdot Y_3)' \\ Y_5 = (Y_3 \cdot C)' \\ Y = (Y_4 \cdot Y_5)' \end{cases} \qquad (4-3)$$

（2）根据情况将式（4-3）中的中间变量先行化简变换后带入 Y 中，求得

$$Y = A'B'C' + A'BC + AB'C + ABC' \qquad (4-4)$$

（3）列出真值表，如表4-2所列。

（4）电路的逻辑功能分析。从真值表可知：该电路是一个三变量的奇偶检测电路，当输入变量中有偶数个1和全0时输出为1，否则输出为0。

【解题指导与点评】 本题的难点在于依据电路图逐级写出逻辑函数式。图4-2中所用门均为与非门且级数较多，这样在逐级书写函数式的过程中，极容易抄写错误。所以可以采用题中的办法，即增加中间变量，可以适当地对中间变量进行化简变换，使得正确书写最后的函数式较为容易。

【例4-3】 如图4-4所示逻辑电路是一个多功能函数发生器，其中 S_0、S_1、S_2 和 S_3 作为控制信号，A、B 作为数据输入。试写出当 S_0、S_1、S_2 和 S_3 为不同取值时，输出 Y 的逻辑函数式。

解 （1）根据图4-4给定的逻辑图，从输入级到输出级逐级写出每个逻辑门输出的函数式，最后得到

$$Y = (S_3AB + S_2AB')' \oplus (S_1B' + S_0B + A)' \qquad (4-5)$$

（2）理解题意，按题目要求，需找出当 S_0、S_1、S_2 和 S_3 为不同取值时，输出变量 Y 关于数据输入变量 A、B 的逻辑函数式，所以列表4-3并总结出对应功能。

表4-2 例4-2所表示的函数的真值表

输入			输出
A	B	C	Y
0	0	0	1
0	0	1	0
0	1	0	0
0	1	1	1
1	0	0	0
1	0	1	1
1	1	0	1
1	1	1	0

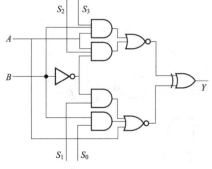

图4-4 例4-3电路图

表4-3　　　　　　　　　　　例4-3电路真值表

$S_0S_1S_2S_3$	Y	逻辑功能	$S_3S_2S_1S_0$	Y	逻辑功能
0000	A	等 A 函数	1000	AB'	禁止 A 函数
0001	$A+B$	或函数	1001	$A \oplus B$	异或函数
0010	$A+B'$	比较函数	1010	B'	否 B 函数
0011	1	常1函数	1011	$(AB)'$	与非函数
0100	AB	与函数	1100	0	常0函数
0101	B	等 B 函数	1101	$A'B$	禁止 B 函数
0110	$A \odot B$	同或函数	1110	$(A+B)'$	或非函数
0111	$A'+B$	比较函数	1111	A'	否 A 函数

【解题指导与点评】 本题和前两道例题相比难度增加，难点在于正确理解题意。本例通过 S_0、S_1、S_2 和 S_3 的取值组合，可以选出由 A、B 两个变量组成的 16 个不同的逻辑函数。解题关键在于分清输入端 S_0、S_1、S_2、S_3、A、B 共 6 个变量之间的关系，哪些是选通信号，哪些是传送的有效数据信号。本题容易出错的地方是将电路作为具有 6 个输入变量来处理，列出具有 64 个变量取值组合的真值表，从而得出不正确的结果。

 自测题

一、填空题

1. 数字逻辑电路分为＿＿＿＿＿＿＿＿＿和＿＿＿＿＿＿＿＿＿＿＿。

2. 组合逻辑电路的逻辑功能特点是＿＿＿＿＿＿＿＿＿＿＿＿＿＿＿＿＿＿。

3. 两个开关控制一盏灯，只有两个开关都闭合时灯才会不亮，则该电路的逻辑关系是＿＿＿＿＿＿＿。

二、分析题

1. 分析题图 4-1 所示逻辑电路，写出 Y_1、Y_2 的逻辑式并化简、列出真值表。

2. 分析题图 4-2 所示电路的逻辑功能，写出输出的逻辑函数式。

3. 电路如题图 4-3 所示，要求写出逻辑函数式，列出真值表，说明电路的逻辑功能。

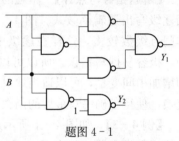

题图 4-1

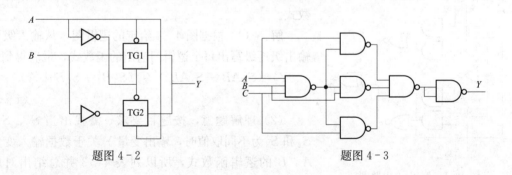

题图 4-2　　　　　　　　　　题图 4-3

 习题精选

1. 电路如题图 4-4 所示，试求该电路输出端逻辑函数 P（A、B）的最简与或式，并说明电路的逻辑功能。

2. 分析如题图 4-5 所示电路，列出真值表，写出逻辑函数式并化简为最简与或式。

3. 某组合逻辑电路如题图 4-6 所示，试列出真值表，分析该电路的逻辑功能。

4. 分析如题图 4-7 所示电路，试列出真值表，分析该电路的逻辑功能。

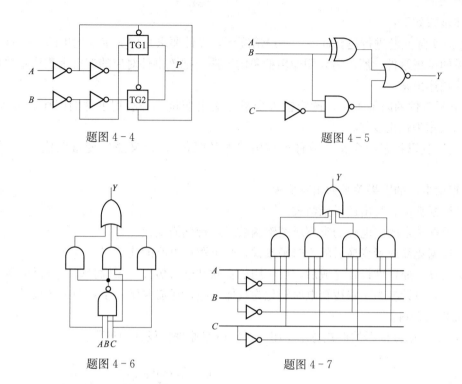

题图 4 - 4   题图 4 - 5

题图 4 - 6   题图 4 - 7

5. 题图 4 - 8 所示逻辑电路为逻辑选择器,其中 A、B 为输入数据端,S_1、S_2 为功能选择端。

(1) 求输出函数 Y 的逻辑表达式;

(2) 分析当 S_1 和 S_2 取不同值时电路所完成的不同功能。

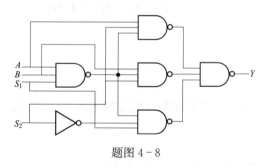

题图 4 - 8

课题二 **用 SSI 实现组合逻辑电路的方法**

内容提要

组合电路的设计是根据实际逻辑问题提出的要求,设计出满足要求的最简单或者最合理的组合电路。实现组合电路的方法有多种,可选用 SSI、MSI 以及可编程逻辑器件。本课题介绍采用 SSI 实现组合逻辑电路的方法。

具体步骤如下：

（1）对实际问题进行逻辑抽象。一般情况下，设计要求是用文字描述出的一个具有一定因果关系的逻辑事件，所以需要用逻辑抽象的方法，把该事件对应的逻辑函数建立并用真值表的形式描述出来。

① 分析事件的因果关系，确定输入变量和输出变量。一般把事件的因作为输入变量，把事件的果作为输出变量。

② 定义逻辑状态的含义（或称为逻辑状态的赋值）。定义逻辑变量取值 0、1 的状态含义。

③ 根据事件的因果关系列出真值表。

（2）根据真值表写出逻辑函数式。

（3）根据选定的门电路的类型对逻辑函数式进行化简变换。

（4）根据化简或者变换后的逻辑函数式，画出逻辑电路的连接图。

（5）仿真。原理性设计完成后，可应用仿真软件进行仿真，来检验设计是否正确。

（6）工艺设计。为了将逻辑电路转化为具体电路，还需要做一系列的工艺设计，请读者自行参阅相关资料。

图 4-5 中以方框图的形式总结了组合逻辑电路原理性设计的过程。

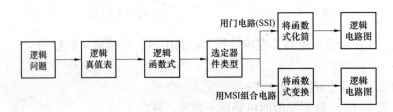

图 4-5　组合逻辑电路的设计过程

　典型例题

【例 4-4】　设计一个用 3 个开关控制灯的逻辑电路，要求任意一个开关都能控制灯由亮到灭或由灭到亮。

解　（1）逻辑抽象。

用 A、B、C 分别表示三个开关，作为输入变量，用"0"表示开关"打开"，"1"表示开关"闭合"。Y 表示灯，作为输出变量，用"0"表示灯"灭"，"1"表示灯"亮"。

根据题意列出表 4-4 所示的真值表。

（2）写出逻辑函数式。

$$Y = A'B'C + A'BC' + AB'C' + ABC \tag{4-6}$$

（3）化简逻辑函数。

该例题题目中未对器件类型作要求，则化为最简与或式即可。式（4-6）即为最简与或式。

（4）画出逻辑电路的连接图，如图 4-6 所示。

表 4-4 例 4-4 的真值表

输入			输出
A	B	C	Y
0	0	0	0
0	0	1	1
0	1	0	1
0	1	1	0
1	0	0	1
1	0	1	0
1	1	0	0
1	1	1	1

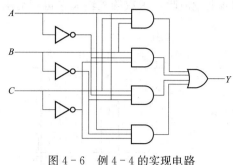

图 4-6 例 4-4 的实现电路

【解题指导与点评】 本题的解题要点是要理解该逻辑问题中的逻辑关系,正确列出真值表。

【例 4-5】 设计一个输血-受血判别电路,当输血者和受血者的血型符合下列规则时,配型成功,受血者可接受输血者提供的血液。

(1) A 型血可以输给 A 型或 AB 型血的人;

(2) B 型血可以输给 B 型或 AB 型血的人;

(3) AB 型血只能输给 AB 型血的人;

(4) O 型血可以输给 A、B、AB 或 O 型血的人。

解 (1) 逻辑抽象。

分析题意,输入变量应该为输血者和受血者的血型。由于血型有四种,故用两变量的四种取值组合来表示。而输血者和受血者的血型必须分别用两个变量联合表示。输血者的血型用 X_3、X_4 表示,受血者的血型用 X_1、X_2 表示。则四种血型的编码如下:

A 型:00; B 型:01; AB 型:10; O 型:11。

输出变量表示配型是否成功,用 Y 表示,取值为 1 表示成功,取值为 0 表示不成功。根据输血规则,得出真值表如表 4-5 所示。

(2) 写出逻辑函数式。

$$Y=\sum m(0,2,5,6,10,12,13,14,15) \tag{4-7}$$

(3) 化简逻辑函数(该例题题目中未对器件类型有要求,则化为最简与或式即可)。用卡诺图(图 4-7)化简后的逻辑函数表达式为

$$Y=X_4 X_3 + X_2 X_1' + X_3 X_2' X_1 + X_4' X_3' X_1' \tag{4-8}$$

(4) 画出逻辑电路的连接图,如图 4-8 所示。

【解题指导与点评】 本题解题关键点在于输入变量的设置。人类血型有四种,且血型匹配问题要考虑输血者和受血者分别有四种血型。所以设两组双变量的四种组合来分别表示输血者和受血者的四种血型。

表 4-5 例 4-5 的真值表

输入				输出
X_4	X_3	X_2	X_1	Y
0	0	0	0	1
0	0	0	1	0
0	0	1	0	1
0	0	1	1	0
0	1	0	0	0
0	1	0	1	1
0	1	1	0	1
0	1	1	1	0
1	0	0	0	1
1	0	0	1	0
1	0	1	0	1
1	0	1	1	0
1	1	0	0	1
1	1	0	1	1
1	1	1	0	1
1	1	1	1	1

当输入变量清晰，函数的逻辑关系也就清晰明了，按步骤进行设计即可。

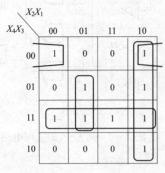

图 4-7　例 4-5 的卡诺图化简

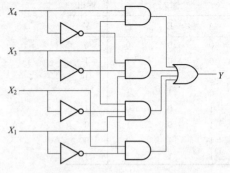

图 4-8　例 4-5 的实现电路

【例 4-6】　用适当的门电路设计一个能实现两个一位二进制数的全加运算和全减运算的组合逻辑电路。

解　（1）逻辑抽象。

分析题意：

在全加运算时，一位二进制数作为被加数，记作 A；另一位二进制数作为加数，记作 B。CI 作为低位向本位的进位，CO 为本位向高位的进位，S 为本位相加的和。

在全减运算时，则 A 作为被减数，B 作为减数，CI 作为低位向本位的借位，CO 是本位向高位的借位，S 为本位差。

设计要求电路既可以实现全加，又可以实现全减，就需要一个加/减控制信号 M。设 M =0，做全加运算；M=1，作全减运算。

将加/减控制信号 M 作为一个输入变量，列出真值表如表 4-6 所示。

表 4-6　　　　　　　　　　　　　　　　例 4-6 的真值表

M	A	B	CI	S	CO	M	A	B	CI	S	CO
0	0	0	0	0	0	1	0	0	0	0	0
0	0	0	1	1	0	1	0	0	1	1	1
0	0	1	0	1	0	1	0	1	0	1	1
0	0	1	1	0	1	1	0	1	1	0	1
0	1	0	0	1	0	1	1	0	0	1	0
0	1	0	1	0	1	1	1	0	1	0	0
0	1	1	0	0	1	1	1	1	0	0	0
0	1	1	1	1	1	1	1	1	1	1	1

（2）写出逻辑函数式。

$$\begin{cases} S=\sum m(1,\ 2,\ 4,\ 7,\ 9,\ 10,\ 12,\ 15) \\ CO=\sum m(3,\ 5,\ 6,\ 7,\ 9,\ 10,\ 11,\ 15) \end{cases} \tag{4-9}$$

（3）化简逻辑函数。

用卡诺图（图4-9）化简后的逻辑函数表达式为

$$\begin{cases} S = AB'CI' + ABCI + A'B'CI + A'BCI' \\ CO = BCI + M'ACI + M'AB + MA'CI + MA'B \\ \quad\quad = BCI + (CI + B)(M \oplus A) \end{cases} \quad\quad (4-10)$$

（4）利用异或门、与门及或门构成的一位全加、全减运算电路，如图4-10所示。

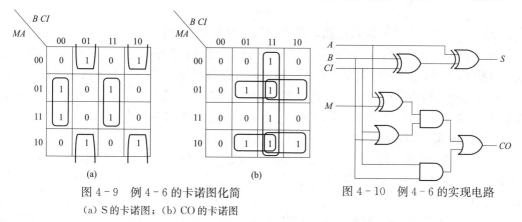

图4-9　例4-6的卡诺图化简

（a）S的卡诺图；（b）CO的卡诺图

图4-10　例4-6的实现电路

【解题指导与点评】　本题解题关键点在于思考如何让一个电路既能实现一位全加运算又能实现一位全减运算。设置一个加/减控制信号 M 作为输入变量之一便解决了这个问题。

综合例4-4、例4-5、例4-6可以看出，求解SSI设计组合电路问题，关键是对逻辑问题的抽象。一个逻辑问题通常以自然语言的方式描述，只有在对它进行充分的分析、理解的基础上才有可能正确地将其转化为逻辑函数。其中真值表表述逻辑问题是一种最常见的数学语言，而且对于某一个逻辑问题，真值表具有唯一性。

此外，还要注意题中是否对使用何种逻辑门做出规定。设计逻辑电路时，不能单纯考虑逻辑表达式是否最简，所用逻辑门是否最少，而要从实际出发，以集成器件为基本单元来考虑，看是否所用集成器件的个数及种类最少。

另外，进行多个输出端的逻辑函数化简时，可以考虑让不同的输出逻辑函数中包含相同项，可以减少门的个数，有利于整个逻辑电路的化简。

　自测题

1. 设计一个监视交通信号灯状态的逻辑电路。每一组信号均由红（A）、黄（B）、绿（C）三盏灯组成。正常工作情况下，任何时刻必有一盏灯亮，而且只允许有一盏灯点亮（灯亮变量为1）；而当出现其他五种点亮状态时，电路发生故障，这时要求发出故障信号 Y（$Y=1$），以提醒维护人员前去修理。要求用与非门和反相器实现此电路。

2. 试用SSI设计一个多数表决电路。要求 A、B、C 三人中只要有半数以上同意，则决议就能通过，但 A 还具有否决权，即只要 A 不同意，即使多数人同意也不能通过。

3. 用四个2输入与非门实现异或功能，画出逻辑电路（此题考察逻辑代数基础知识）。

4. 试用 SSI 设计一个控制发电机运行的逻辑电路：有两个发电机组 M 和 N 给三个车间（A、B、C）供电，N 组的发电能力是 M 组的两倍。如果一个车间开工，只需启动 M 组即能满足要求；如果两个车间开工，则需启动 N 组就可满足要求；如果三个车间同时开工，则需要同时启动 M 组和 N 组，才能满足要求。

 习题精选

1. 用 SSI 设计一个代码转换电路，将余 3 码转换为 8421 码。

2. 某进修班开设数字信号处理（5 学分）、通信原理（4 学分）、个人通信（3 学分）和无线网络技术（2 学分）四门课程。若考试通过，可以获得相应学分；若考试未通过，则该课程 0 学分。规定至少获得 9 学分才可结业。试用与非门设计该组合电路来判断进修生是否可以结业。（哈尔滨工业大学 2006 年攻读硕士学位研究生入学考试试题）

3. 试用门电路设计一个 2 位二进制数相乘的乘法电路。

4. 设计一组合电路，输入为 4 位二进制码 $ABCD$，当 $ABCD$ 是 8421BCD 码时输出 $Y=1$；否则 $Y=0$。用集电极开路与非门实现。

5. 设 A、B、C 为某保密锁的三个按钮，当 A 单独按下时，锁既不打开也不报警；只有当 A、B、C 或者 A、B 或者 A、C 分别同时按下时，锁才能被打开。当不符合上述组合状态时，将发出报警信息。试用与非门设计此保密锁的逻辑电路。

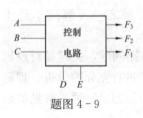

题图 4 - 9

6. 计算机机房的上机控制电路的框图如题图 4-9 所示，图中 DE 为控制端。令上午、下午、晚上其取值分别为 01、11、10；ABC 为需要上机的三个学生，其上机的优先顺序是：上午为 ABC，下午为 BCA，晚上为 CAB；电路是输出 $F_1F_2F_3$ 为 1 时分别表示 ABC 能上机，试用与非门设计该逻辑电路。（哈尔滨工业大学 2001 年攻读硕士学位研究生入学考试试题）

课题三 MSI 构成的组合逻辑电路的分析方法

 内容提要

MSI 构成的组合逻辑电路的分析方法和步骤如下：

① 根据所用器件本身固有的逻辑功能，写出表示输入与输出之间关系的逻辑函数式。

② 用加到输入端的变量名称和写到输出端的变量名称代替上述逻辑函数式中对应端的名称，就得到了所分析电路的逻辑函数式。

常用的一些中规模集成组合逻辑电路器件有加法器、编码器、译码器、数据选择器、数值比较器等，要对它们的逻辑功能熟练掌握。

一、加法器

加法器是执行算术运算的逻辑部件，可以分为一位加法器和多位加法器。一位加法器又分为半加器和全加器。实际上，这些电路的输入信号和输出信号都是逻辑变量，电路内部信号处理过程实际是逻辑运算，只是其运算的结果使输入和输出变量之间符合算术运算规律。74LS283 为较常见的中规模集成四位超前进位加法器，其逻辑符号如图 4-11 所示。其中 $A_3 A_2 A_1 A_0$ 和 $B_3 B_2 B_1 B_0$ 为两个相加的四位二进制数，CI 为向最低位的进位，$S_3 S_2 S_1 S_0$ 为相加结果，CO 为四位二进制数相加产生的高位进位。逻辑函数式省略。

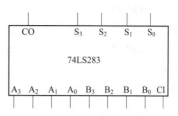

图 4-11 74LS283 的惯用逻辑符号

二、编码器

在数字系统中，常用二进制数表示某个字符或某个具有特定意义的信息，这一过程称为编码。能够实现编码的电路称为编码器。编码器是一种多输出的组合逻辑电路。常用编码器有二进制编码器、二-十进制编码器和优先编码器。

（1）二进制编码器：将代表不同含义的多个输入信号，分别编成对应的二进制代码的电路。一个输出 n 位代码的二进制编码器，可以表示 2^n 种输入信息，因此一般输入端有 2^n 个。

（2）二-十进制编码器：将 10 个输入信号 $I_0' \sim I_9'$ 分别编成对应的 8421BCD 码的电路。

以上两种编码器，在任意时刻只允许一个输入端有编码请求信号出现，否则电路不能正常工作。所以在使用中受到一定限制。

（3）优先编码器：同时允许有几个输入端输入信号，电路只对其中优先级别最高的信号进行编码。它不必对输入信号提出严格要求，而且使用可靠方便，目前得到广泛应用。74HC148 为较常用的中规模集成优先编码器，其逻辑符号图如图 4-12 所示，逻辑功能表如表 4-7 所示。

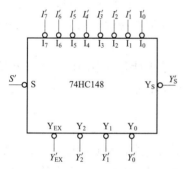

图 4-12 74HC148 的惯用逻辑符号

表 4-7　74HC148 的功能表

	输入								输出				
S'	I_0'	I_1'	I_2'	I_3'	I_4'	I_5'	I_6'	I_7'	Y_2'	Y_1'	Y_0'	Y_S'	Y_{EX}'
1	×	×	×	×	×	×	×	×	1	1	1	1	1
0	1	1	1	1	1	1	1	1	1	1	1	0	1
0	×	×	×	×	×	×	×	0	0	0	0	1	0
0	×	×	×	×	×	×	0	1	0	0	1	1	0
0	×	×	×	×	×	0	1	1	0	1	0	1	0
0	×	×	×	×	0	1	1	1	0	1	1	1	0
0	×	×	×	0	1	1	1	1	1	0	0	1	0
0	×	×	0	1	1	1	1	1	1	0	1	1	0
0	×	0	1	1	1	1	1	1	1	1	0	1	0
0	0	1	1	1	1	1	1	1	1	1	1	1	0

根据逻辑符号，对照功能表可以看出 74HC148 如下的功能特点：

① 该电路有 8 个低电平有效的编码请求信号输入端 $I'_0 \sim I'_7$，三个低电平有效的编码输出端 $Y'_2 Y'_1 Y'_0$，输出值分别为其对应编码请求信号的下标所对应的二进制数取反输出。

② 编码请求信号输入端有优先顺序，I'_7 优先级别最高，依次降低，I'_0 的优先级别最低。电路可以同时输入几个有效的编码请求信号，但电路仅对优先级别最高的有效请求信号进行编码。

③ 控制输入端（选通输入端）S' 的功能：$S'=0$ 时，电路正常编码输出；若 $S'=1$，输出均为无效高电平，即 $Y'_2 Y'_1 Y'_0 = 111$，与输入信号无关，同时，选通输出端 $Y'_S = 1$，扩展端 $Y'_{EX} = 1$。

④ 选通输出端 Y'_S 的功能：在选通输入端有效的情况下（即 $S'=0$），若 $Y'_S = 0$，说明"输入端均为高电平输入，即电路能编码，但是无有效的编码请求信号输入"。此时输出端均为高电平，即 $Y'_2 Y'_1 Y'_0 = 111$。

⑤ 扩展端 Y'_{EX} 的功能：在选通输入端有效（即 $S'=0$）的情况下，若 $Y'_{EX} = 0$，说明"电路能编码，且有有效的编码请求信号的输入，正在编码输出"。

注意区分表 4 - 7 中 $Y'_2 Y'_1 Y'_0 = 111$ 的三种情况的不同含义。正确理解选通输出端 Y'_S 和扩展端 Y'_{EX} 的功能，见表 4 - 8。

编码器常被应用于计算机中的优先级中断控制电路、计算机的指令编码系统、汉字编码系统、键盘功能产生电路等。

表 4 - 8   74HC148 扩展端功能表

Y'_S	Y'_{EX}	电路状态
1	1	不工作（$S'=1$）
0	1	工作，但无输入
1	0	工作，且有输入
0	0	不可能出现

三、译码器

将代码的特定含义翻译出来的过程称为译码。显然，译码是编码的逆过程。具有译码功能的逻辑电路称为译码器。译码器可以将二进制代码转换成十进制数、字符或其他输出信号。常用的译码器电路有二进制译码器、二-十进制译码器和显示译码器等。

1. 二进制译码器

图 4 - 13 为二进制译码器的方框图，它有 n 个输入端（即输入为 n 位二进制代码），又称为地址输入端，有 2^n 个输出端。对应于一个输入代码，只有一个输出端为有效电平，其他的输出端均为无效电平。

常用的二进制译码器有中规模集成译码器 74LS139（双 2 线 - 4 线译码器），74HC138（3 线 - 8 线译码器）和 74HC154（4 线 - 16 线译码器）等。

下面以常用的 74HC138 为例，介绍一下二进制译码器的逻辑功能。74HC138 逻辑符号如图 4 - 14 所示，功能表见表 4 - 9。

图 4 - 13   二进制译码器方框图

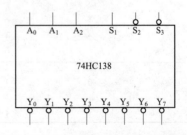

图 4 - 14   74HC138 的惯用逻辑符号图

表 4 - 9   **74HC138 的功能表**

输　入					输出							
S_1	$S_2'+S_3'$	A_2	A_1	A_0	Y_7'	Y_6'	Y_5'	Y_4'	Y_3'	Y_2'	Y_1'	Y_0'
0	×	×	×	×	1	1	1	1	1	1	1	1
×	1	×	×	×	1	1	1	1	1	1	1	1
1	0	0	0	0	1	1	1	1	1	1	1	0
1	0	0	0	1	1	1	1	1	1	1	0	1
1	0	0	1	0	1	1	1	1	1	0	1	1
1	0	0	1	1	1	1	1	1	0	1	1	1
1	0	1	0	0	1	1	1	0	1	1	1	1
1	0	1	0	1	1	1	0	1	1	1	1	1
1	0	1	1	0	1	0	1	1	1	1	1	1
1	0	1	1	1	0	1	1	1	1	1	1	1

其中，将 S_1、S_2' 和 S_3' 称为选通输入端（或"片选"输入端），用来控制电路是否能够进行译码工作。只有在 $S_1=1$，$S_2'=S_3'=0$ 的情况下，74HC138 的各个输出端才会和地址输入端 $A_2A_1A_0$ 有关，即译码输出。若选通输入端有一个不满足，则输出端均为高电平，与地址输入端 $A_2A_1A_0$ 无关，即不能译码工作。利用选通输入端也可以将多片 74HC138 连接起来实现扩展译码器的功能。

当 74HC138 选通输入端 $S_1=1$，$S_2'=S_3'=0$ 时，译码输出端的函数表达式为

$$
\begin{cases}
Y_0'=(A_2'A_1'A_0')'=m_0' \\
Y_1'=(A_2'A_1'A_0)'=m_1' \\
Y_2'=(A_2'A_1A_0')'=m_2' \\
Y_3'=(A_2'A_1A_0)'=m_3' \\
Y_4'=(A_2A_1'A_0')'=m_4' \\
Y_5'=(A_2A_1'A_0)'=m_5' \\
Y_6'=(A_2A_1A_0')'=m_6' \\
Y_7'=(A_2A_1A_0)'=m_7'
\end{cases}
\tag{4-11}
$$

由上式可以看出，$Y_0' \sim Y_7'$ 同时又是 A_2、A_1、A_0 这三个变量的全部最小项的译码输出，所以也将这种译码器称为最小项译码器。例如当 $A_2A_1A_0=001$，则对应的输出端 $Y_1'=0$，其余输出均为 1。

2. 二-十进制译码器

二-十进制译码器的逻辑功能是将输入 8421BCD 码的 10 个代码译成 10 个高低电平输出信号。

典型的二-十进制译码器是 74HC42，其逻辑符号图

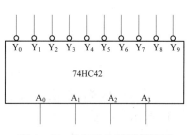

图 4 - 15 74HC42 逻辑符号图

如图 4 - 15 所示，功能表见表 4 - 10。

表 4 - 10　　　　　　　　　　　　　　　74HC42 的功能表

序号	输　入				输　出									
	A_3	A_2	A_1	A_0	Y_0'	Y_1'	Y_2'	Y_3'	Y_4'	Y_5'	Y_6'	Y_7'	Y_8'	Y_9'
0	0	0	0	0	0	1	1	1	1	1	1	1	1	1
1	0	0	0	1	1	0	1	1	1	1	1	1	1	1
2	0	0	1	0	1	1	0	1	1	1	1	1	1	1
3	0	0	1	1	1	1	1	0	1	1	1	1	1	1
4	0	1	0	0	1	1	1	1	0	1	1	1	1	1
5	0	1	0	1	1	1	1	1	1	0	1	1	1	1
6	0	1	1	0	1	1	1	1	1	1	0	1	1	1
7	0	1	1	1	1	1	1	1	1	1	1	0	1	1
8	1	0	0	0	1	1	1	1	1	1	1	1	0	1
9	1	0	0	1	1	1	1	1	1	1	1	1	1	0
伪码	1	0	1	0	1	1	1	1	1	1	1	1	1	1
	1	0	1	1	1	1	1	1	1	1	1	1	1	1
	1	1	0	0	1	1	1	1	1	1	1	1	1	1
	1	1	0	1	1	1	1	1	1	1	1	1	1	1
	1	1	1	0	1	1	1	1	1	1	1	1	1	1
	1	1	1	1	1	1	1	1	1	1	1	1	1	1

输出端逻辑函数表达式为

$$\begin{cases} Y_0' = (A_3' A_2' A_1' A_0')' = m_0' \\ Y_1' = (A_3' A_2' A_1' A_0)' = m_1' \\ Y_2' = (A_3' A_2' A_1 A_0')' = m_2' \\ Y_3' = (A_3' A_2' A_1 A_0)' = m_3' \\ Y_4' = (A_3' A_2 A_1' A_0')' = m_4' \\ Y_5' = (A_3' A_2 A_1' A_0)' = m_5' \\ Y_6' = (A_3' A_2 A_1 A_0')' = m_6' \\ Y_7' = (A_3' A_2 A_1 A_0)' = m_7' \\ Y_8' = (A_3 A_2' A_1' A_0')' = m_8' \\ Y_9' = (A_3 A_2' A_1' A_0)' = m_9' \end{cases} \qquad (4-12)$$

74HC42 的功能如下：

① 地址输入端 $A_3 A_2 A_1 A_0$ 是 8421BCD 码输入。当输入 8421BCD 码以外的伪码（即 1010~1111）时，输出全部为无效的高电平，所以这个电路结构具有拒绝伪码的功能。

② $Y_0' \sim Y_9'$ 是译码输出，输出低电平有效。

3. 显示译码器

显示译码器是将数字或者符号的代码翻译成所需显示的相应内容，用以驱动各类显示器件，如荧光数码管、发光二极管、液晶数码管和辉光数码管。在此不做详细介绍。

四、数据选择器

数据选择器又称多路开关，简称 MUX，相当于一只单刀多掷选择开关。其方框图如图 4-16 所示，在选择输入（又称地址输入）信号的作用下，从多个数据输入通道中选择某一通道的数据传送到输出端。

数据选择器较常见的有：2 选 1，4 选 1，8 选 1，16 选 1。数据选择器的输入输出逻辑关系见图 4-17。

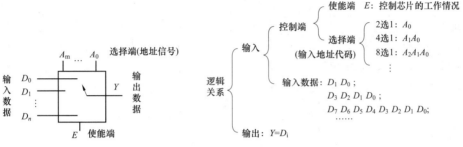

图 4-16 数据选择方框图   图 4-17 数据选择器输入输出逻辑关系图

图 4-18 是双 4 选 1 数据选择器 74HC153 的逻辑符号图，它包含两个完全相同的 4 选 1 数据选择器。其中一个 4 选 1 数据选择器输出端的逻辑函数式为

$$Y_1 = (D_{10}A_1'A_0' + D_{11}A_1'A_0 + D_{12}A_1A_0' + D_{13}A_1A_0)S_1 \tag{4-13}$$

从式（4-13）可以看出，$S_1' = 0$ 时数据选择器工作，$S_1' = 1$ 时数据选择器被禁止工作，输出被封锁为低电平。当 $S_1' = 0$ 时数据选择器工作时，根据 A_1A_0 的取值，可以将数据 D_{10}、D_{11}、D_{12} 和 D_{13} 选中并输出。逻辑功能见表 4-11。

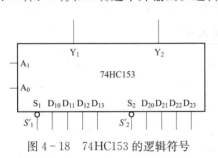

图 4-18 74HC153 的逻辑符号

表 4-11 4 选 1 数据选择器功能

输 入			输出
S_1'	A_1	A_0	Y_1
1	×	×	0
0	0	0	D_{10}
0	0	1	D_{11}
0	1	0	D_{12}
0	1	1	D_{13}

图 4-19 是 8 选 1 数据选择器 74HC151 的逻辑符号图。A_2、A_1、A_0 是地址输入端，$D_0 \sim D_7$ 是 8 个数据输入端，S' 是使能控制端。功能表见表 4-12。

由表 4-12 可知，$S' = 1$ 时电路处于禁止工作状态，输出 $Y = 0$，$W' = 1$；$S' = 0$ 时，根据地址端 A_2、A_1、A_0 的输入选择 $D_0 \sim D_7$ 某一通道的数据输出。输出端 Y 的表达式为

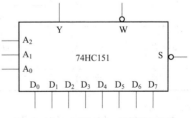

图 4-19 74HC151 的逻辑符号

$$Y = (A_2' A_1' A_0')D_0 + (A_2' A_1' A_0)D_1 + (A_2' A_1 A_0')D_2 + (A_2' A_1 A_0)D_3$$
$$+ (A_2 A_1' A_0')D_4 + (A_2 A_1' A_0)D_5 + (A_2 A_1 A_0')D_6 + (A_2 A_1 A_0)D_7 \quad (4-14)$$

W' 的输出与 Y 的输出互补。

表 4-12   **74HC151 的功能表**

输　入				输出	
使能	地址				
S'	A_2	A_1	A_0	Y	W'
1	$\times$	$\times$	$\times$	0	1
0	0	0	0	D_0	D_0'
0	0	0	1	D_1	D_1'
0	0	1	0	D_2	D_2'
0	0	1	1	D_3	D_3'
0	1	0	0	D_4	D_4'
0	1	0	1	D_5	D_5'
0	1	1	0	D_6	D_6'
0	1	1	1	D_7	D_7'

五、数值比较器

数值比较器就是将两个二进制数 A、B 进行比较，判断其大小的逻辑电路。在比较两个多位数的大小时，必须自高而低地逐位比较，而且只有在高位相等时，才需要比较低位。

例如，两个 4 位二进制数 $A_3 A_2 A_1 A_0$ 和 $B_3 B_2 B_1 B_0$ 大小的比较关系见表 4-13。

表 4-13   **4 位二进制数逐位比较关系表**

A_3 与 B_3	A_2 与 B_2	A_1 与 B_1	A_0 与 B_0	$A>B$	$A<B$	$A=B$
$A_3>B_3$	$\times$	$\times$	$\times$	1	0	0
$A_3<B_3$	$\times$	$\times$	$\times$	0	1	0
$A_3=B_3$	$A_2>B_2$	$\times$	$\times$	1	0	0
	$A_2<B_2$	$\times$	$\times$	0	1	0
$A_3=B_3$	$A_2=B_2$	$A_1>B_1$	$\times$	1	0	0
		$A_1<B_1$	$\times$	0	1	0
$A_3=B_3$	$A_2=B_2$	$A_1=B_1$	$A_0>B_0$	1	0	0
			$A_0<B_0$	0	1	0
$A_3=B_3$	$A_2=B_2$	$A_1=B_1$	$A_0=B_0$	0	0	1

表 4-13 不仅实现了对两个多位数进行比较的功能，也遵循了高位到低位的比较方案。74LS85 是集成 4 位二进制数值比较器，其逻辑符号如图 4-20 所示。

4 位二进制数值比较器 74LS85 除了两个 4 位二进制数的输入端、三个比较结果输出端之外，还有三个扩展端 $I_{(A>B)}$、$I_{(A<B)}$ 和 $I_{(A=B)}$。利用这三个扩展端，就可以比较多于 4 位的

二进制数。

4 位二进制数值比较器 74LS85 输出端的逻辑函数式为

$$Y_{(A>B)}=A_3B_3'+(A_3\odot B_3)A_2B_2'+(A_3\odot B_3)(A_2\odot B_2)A_1B_1'$$
$$+(A_3\odot B_3)(A_2\odot B_2)(A_1\odot B_1)A_0B_0'$$
$$+(A_3\odot B_3)(A_2\odot B_2)(A_1\odot B_1)(A_0\odot B_0)I_{(A>B)}$$

$$(4-15)$$

$$Y_{(A<B)}=A_3'B_3+(A_3\odot B_3)A_2'B_2+(A_3\odot B_3)(A_2\odot B_2)A_1'B_1$$
$$+(A_3\odot B_3)(A_2\odot B_2)(A_1\odot B_1)A_0'B_0$$
$$+(A_3\odot B_3)(A_2\odot B_2)(A_1\odot B_1)(A_0\odot B_0)I_{(A<B)}$$

$$(4-16)$$

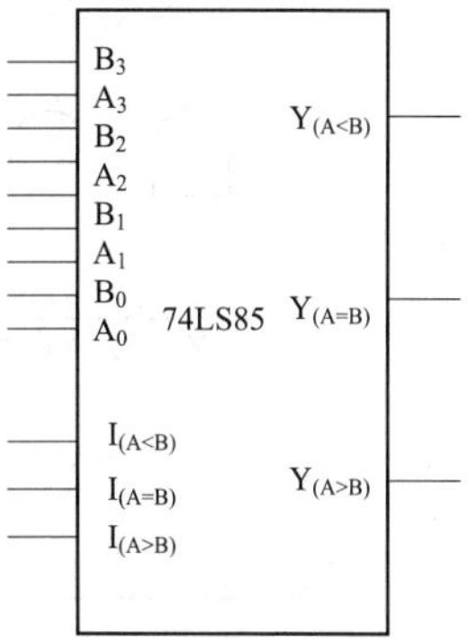

$$Y_{(A=B)}=(A_3\odot B_3)(A_2\odot B_2)(A_1\odot B_1)(A_0\odot B_0)I_{(A=B)} \quad (4-17)$$

图 4 - 20　74LS85 逻辑符号

式（4-15）中包含了表4-13中的 $A>B$ 的四种情况，并依靠扩展端 $I_{(A>B)}$ 出现了 $A>B$ 的第五种情况（即 $A_3=B_3$ 且 $A_2=B_2$ 且 $A_1=B_1$ 且 $A_0=B_0$ 的情况下，看 $I_{(A>B)}$ 的取值）。$I_{(A>B)}$ 是来自低位的比较结果。同理，在式（4-16）和式（4-17）中，$I_{(A<B)}$ 和 $I_{(A=B)}$ 也是来自低位的比较结果。若用 74LS85 只比较两个 4 位二进制数，应令 $I_{(A>B)}=I_{(A<B)}=0$，$I_{(A=B)}=1$；若比较多于 4 位的二进制数，则需要考虑来自低位比较的结果，即从三个扩展端 $I_{(A>B)}$、$I_{(A<B)}$ 和 $I_{(A=B)}$ 接收到的信号。

数值比较器的扩展方式有两种，即串联方式和并联方式。并联扩展方式比串联扩展方式工作速度快。

典型例题

【例 4-7】　由 3 线 - 8 线译码器 74HC138 所组成的电路如图 4-21 所示，试分析该电路的逻辑功能。

解　（1）根据 74HC138 输出端的逻辑函数（式（4-11）），写出输出变量关于 74HC138 输出端 Y' 的逻辑函数式

$$\begin{cases} Z_2=(Y_2'\cdot Y_3'\cdot Y_4'\cdot Y_5')' \\ Z_1=(Y_4'\cdot Y_5')' \\ Z_0=(Y_0'\cdot Y_1'\cdot Y_3'\cdot Y_5')' \end{cases} \quad (4-18)$$

（2）用加到输入端的变量名称代替上述逻辑函数式中对应端的变量，即 $A_2A_1A_0=X_2X_1X_0$，就得到了所分析电路的逻辑函数式

$$\begin{cases} Z_2=(Y_2'\cdot Y_3'\cdot Y_4'\cdot Y_5')'=(m_2'\cdot m_3'\cdot m_4'\cdot m_5')'=m_2+m_3+m_4+m_5 \\ Z_1=(Y_4'\cdot Y_5')'=(m_4'\cdot m_5')'=m_4+m_5 \\ Z_0=(Y_0'\cdot Y_1'\cdot Y_3'\cdot Y_5')'=(m_0'\cdot m_1'\cdot m_3'\cdot m_5')'=m_0+m_1+m_3+m_5 \end{cases} \quad (4-19)$$

（3）由式（4-19）可以列出变量为 $X_2X_1X_0$ 的函数的真值表，如表 4-14 所示。

（4）分析电路的逻辑功能。由真值表可以看出 $X=X_2X_1X_0$ 作为输入 3 位二进制数，$Z=Z_2Z_1Z_0$ 作为输出的 3 位二进制数，当 $X<2$ 时 $Z=1$；当 $X>5$ 时，$Z=0$；当 $2\leqslant X\leqslant 5$ 时，$Z=X+2$。

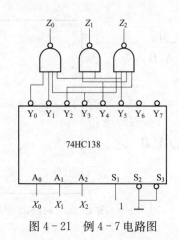

图 4-21　例 4-7 电路图

表 4-14　例 4-7 电路函数真值表

输　入			输　出		
X_2	X_1	X_0	Z_2	Z_1	Z_0
0	0	0	0	0	1
0	0	1	0	0	1
0	1	0	1	0	0
0	1	1	1	0	1
1	0	0	1	1	0
1	0	1	1	1	1
1	1	0	0	0	0
1	1	1	0	0	0

【解题指导与点评】　本题解题的关键点在于掌握 3 线-8 线译码器 74HC138 的功能特点，输出端 Y_i' 与地址端变量之间的关系，分层次解题。先写出所分析函数输出变量与 3 线-8 线译码器 74HC138 输出端变量的关系函数式，然后用加到地址输入端的变量名称代替上述逻辑函数式中对应端的变量，就得到所分析函数的输出变量与输入变量之间真正的函数式。后续步骤和分析 SSI 构成的组合逻辑电路相同。

【例 4-8】　由双 4 选 1 数据选择器 74HC153 构成的电路如图 4-22 所示，请写出 Y 的表达式，用最小项之和 $\sum m$ 的形式表示。4 选 1 数据选择器的功能表见表 4-11。（哈尔滨工业大学 2001 硕士研究生入学考试试题）

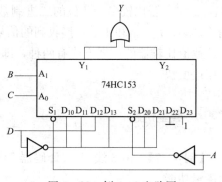

图 4-22　例 4-8 电路图

解　（1）写出电路所表示函数的输出变量 Y 的逻辑函数式

$$Y = Y_1 + Y_2 \qquad (4-20)$$

（2）写出 74HC153 里两个 4 选 1 数据选择器的两个输出端 Y_1、Y_2 的逻辑函数式

$$\begin{cases} Y_1 = (D_{10}A_1'A_0' + D_{11}A_1'A_0 + D_{12}A_1A_0' + D_{13}A_1A_0)S_1 \\ Y_2 = (D_{20}A_1'A_0' + D_{21}A_1'A_0 + D_{22}A_1A_0' + D_{23}A_1A_0)S_2 \end{cases} \qquad (4-21)$$

（3）观察图 4-22 中 74HC153 的两个 4 选 1 数据选择器的数据端的输入为常量或者变量（输入变量 D 的原变量或者反变量的形式），两个数据选择器的使能端 $S_1' = A$，$S_2' = A'$，且公共的地址输入端 $A_1A_0 = BC$，将这些取值代入式（4-21）中整理得到

$$\begin{cases} Y_1 = A'B'C'D' + A'B'CD' + A'BC'D + A'BCD' \\ Y_2 = AB'C'D' + AB'CD' + ABC \end{cases} \qquad (4-22)$$

（4）将式（4-22）代入式（4-20）中整理成符合题意要求的最小项之和表达式

$$Y_{(A,B,C,D)} = \sum m(0, 2, 5, 6, 8, 10, 14, 15) \qquad (4-23)$$

【解题指导与点评】 本题解题的关键点在分层次解题。先写出待分析电路输出变量 Y 的输出函数式，与两个 4 选 1 的数据选择器的输出端 Y_1、Y_2 有关。再根据读者掌握的 4 选 1 数据选择器输出端的函数表达式的一般形式，写出 Y_1、Y_2 的关于输入变量 A、B、C、D 的表达式，电路的输出变量 Y 的表达式就很容易求出。实际上，如果读者对数据选择器的扩展知识点掌握的比较熟练的话，很容易看出该题实际上是利用两个 4 选 1 数据选择器的使能端扩展成了一个 8 选 1 的数据选择器。其中 A、B、C 为地址输入变量，两个 4 选 1 数据选择器的数据输入端合起来为 8 个数据输入端，且在本题中要么输入常量要么输入变量 D 的形式。这样，就可以直接写出 8 选 1 数据选择器输出端函数表达式的一般形式，带入相应的地址输入变量和数据端输入值就可以得到所求的电路输出。

综合例 4-7 和例 4-8 可以看出，分析 MSI 构成的组合逻辑电路和 SSI 构成的组合逻辑电路的方法稍有不同。分析 SSI 构成的组合逻辑电路是由电路的输入级到输出级逐级写出逻辑函数表达式，再进行化简变化，列出真值表并用适当的形式描述出电路功能，基本上应用的是逻辑代数基础中的组合逻辑函数的几种表示方法的相互转换的知识点。而对于 MSI 构成的组合逻辑电路，不能上来就从电路的输入级入手，而是要先观察电路的输出和所选用的中规模集成器件的输出端之间有什么逻辑关系。然后再根据器件本身的输入输出之间的关系，将电路的输出和输入变量联系起来（或以表达式的形式或以真值表的形式），从而分析出电路的逻辑功能。当然，具体电路具体分析，希望读者多扩展思路，使得解题方式多样化。

自测题

一、填空题

1. 半加器与全加器的区别在于_____。

2. 一个二进制编码器若需要对 12 个输入信号进行编码，则要采用_____位二进制代码。

3. 5 变量输入译码器，其译码输出信号最多应有_____个。

4. 输出低电平有效的二-十进制译码器的输入 8421BCD 码为 0110，其输出 $Y_9' \sim Y_0'$ =_____。

5. 用 4 选 1 数据选择器实现函数 $Y = A_1 A_0 + A_1' A_0$，应使_____。

二、单项选择题

1. 当编码器 74HC148 的输入端 I_7'、I_4'、I_1' 为低电平，选通输入端 S' 为低电平，其余输入端为高电平时，输出信号 $Y_2' Y_1' Y_0'$ 为（   ）。

A. 000　　　　　B. 001　　　　　C. 010　　　　　D. 110

2. 一个具有 6 位地址端的数据选择器的功能是（   ）。

A. 6 选 1　　　　B. 2^6 选 1　　　　C. 2×6 选 1　　　　D. （$2^6 - 1$）选 1

3. 下列电路不是组合逻辑电路的是（   ）。

A. 计数器　　　　B. 编码器　　　　C. 译码器　　　　D. 数据选择器

三、分析题

1. 已知 74HC151 为 8 选 1 数据选择器，写出题图 4-10 电路中 Y 的逻辑函数式。8 选 1

数据选择器输出端逻辑表达式为：$Y = \sum\limits_{0}^{2^n-1} D_i m_i$，其中 m_i 是 $A_2 A_1 A_0$ 对应的最小项。

2. 试写出题图 4-11 所示电路的输出逻辑函数式，说明该电路的逻辑功能。

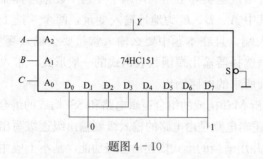
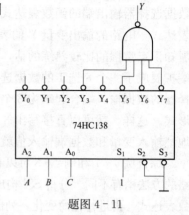

题图 4-10　　　　　　　　　　　题图 4-11

3. 已知由 8 选 1 数据选择器 74HC151 组成的逻辑电路如题图 4-12 所示。试按步骤分析该电路在 M_1、M_2 取不同值时（M_1、M_2 取值情况见题表 4-1）输出 F 的逻辑表达式。（8 选 1 数据选择器输出端逻辑表达式为：$Y = \sum\limits_{0}^{2^n-1} D_i m_i$，其中 m_i 是 $A_2 A_1 A_0$ 对应的最小项。）

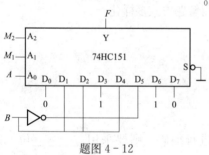

题图 4-12

题表 4-1

M_2	M_1	F
0	0	
0	1	
1	0	
1	1	

 习题精选

1. 试写出题图 4-13 所示电路的输出逻辑函数式，说明该电路的逻辑功能。

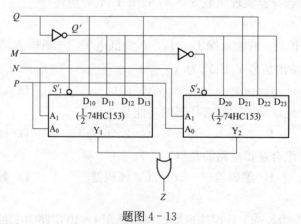

题图 4-13

2. 由 8 选 1 数据选择器 74HC151 构成的电路如题图 4 - 14 所示，请写出该电路输出函数 Y 的逻辑表达式，以最小项之和 $[\sum m (\cdots,\cdots,)]$ 形式表示。如果要实现逻辑函数 $Y = \sum m (1, 2, 5, 7, 8, 10, 14, 15)$，则图中接线应怎样改动？（哈尔滨工业大学 2000 年攻读硕士学位研究生入学考试试题）

3. 试分析题图 4 - 15 所示由 4 位加法器 74LS283 组成的两个两位二进制数运算电路的功能，说明运算结果数据中（Y_3、Y_2、Y_1、Y_0）每一位的含义及 K 的作用，说明何时输出为补码。（哈尔滨工业大学 2006 年攻读硕士学位研究生入学考试试题）

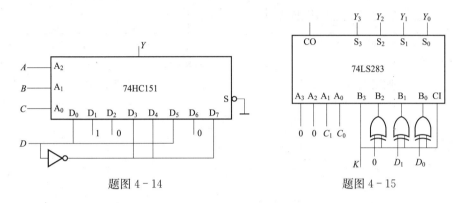

题图 4 - 14　　　　　　　　　　　　题图 4 - 15

4. 分析题图 4 - 16 中由 4 - 16 线译码器构成的逻辑电路，说明该电路具有什么逻辑功能。

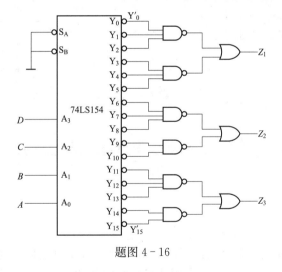

题图 4 - 16

5. 题图 4 - 17 中 74HC153 是双 4 选 1 数据选择器，A、B、C 是输入变量，写出输出 $Y_1 (A, B, C)$、$Y_2 (A, B, C)$ 的最简逻辑表达式，列出真值表，并判断电路的逻辑功能。

6. 如题图 4 - 18 所示，电路由 8 选 1 数据选择器和 8421BCD 码译码器组成，试分析电路的功能（列真值表时变量可以自己重新定义）。

7. 根据题图 4 - 19（a）中所示电路，在题图 4 - 18（b）中填写电路输出 Y 的函数卡诺图；并写出当 CD 的取值分别为 00、01、10 和 11 时，函数 $Y (A, B)$ 的逻辑表达式。（哈尔滨工业大学 2006 年攻读硕士学位研究生入学考试试题）

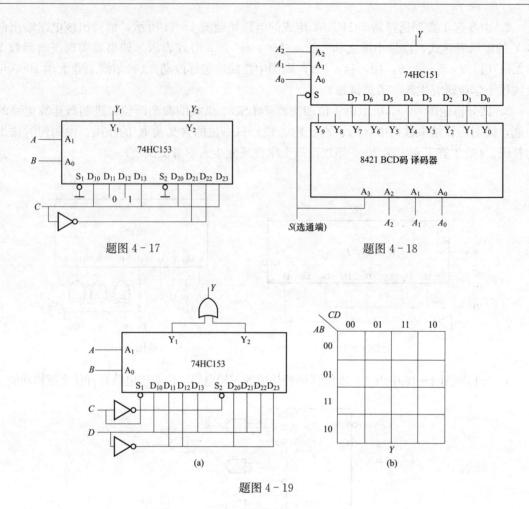

题图 4 - 17   题图 4 - 18

题图 4 - 19

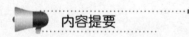

课题四 用 MSI 实现组合逻辑电路的方法

内容提要

    一般来说，用 MSI 设计组合电路不像用 SSI 设计那样规范化。这种设计更多地依靠对设计的逻辑问题的功能分析和对各种常用的组合电路部件的逻辑功能及其使用方法的深刻了解。在此基础上，利用逻辑思维和逻辑联想的方法去寻求设计的突破口，找出解决问题的思路和方法。

1. 用 MSI 设计组合逻辑电路的大致步骤

（1）逻辑抽象，列出真值表。

（2）写出逻辑式。

（3）将得到的逻辑式与已知 MSI 器件的逻辑函数式对照比较，结果有以下 4 种可能：

① 与某种 MSI 的输出函数形式上完全相同，这时就用这种 MSI 直接实现。如用"2^n 选

1 数据选择器"实现 $n+1$ 变量以下的逻辑函数即属于这种情况。

② 输入端数或功能是某种 MSI 输出函数的子集,这时也可用这种 MSI 实现,但需要对多余输入端作适当处理。

③ MSI 的函数式是要产生的函数式的一部分,这时可通过扩展或附加少量其他电路的办法来实现所要求的功能。

④ 与所知或可用的 MSI 的函数功能基本上无共同之处,则只好另想办法,或用 SSI 设计。

根据对照结果,即可确定可以采用的器件和所用器件各输入端应接入的变量或常量(1 或 0),以及各片之间的连接方式。

(4)按照上面对照比较的结果,画出设计的逻辑电路图。

(5)仿真。

(6)工艺设计。(后两步看设计要求)

2. 常用中规模组合电路的应用设计

(1)用加法器设计组合电路。

加法器除用作二进制加法运算外,还可以外加一些门电路实现其他算术运算,如减法运算、乘法运算、数码比较、代码转换、BCD 码的加减法等。如果能将要产生的逻辑函数化成输入变量与输入变量相加或者输入变量与常量在数值上相加的形式,则用加法器实现这种逻辑功能的电路往往是比较简单的。

(2)用译码器设计组合电路。

因为 n 位二进制译码器的输出端提供了 n 个输入变量的全部最小项的反函数,而任何逻辑函数都可以写成最小项之和的形式。所以利用 n 线- 2^n 线译码器及必要的与非门,可以组成任何形式的输入变量小于或等于 n 的组合逻辑函数。

用译码器实现组合逻辑电路的优点是:不用化简函数,可以直接利用函数的最小项形式;用一个译码器可同时实现多输出函数。

(3)用数据选择器设计组合电路。

具体步骤如下:

①选择数据选择器。设数据选择器的地址端个数为 n,若要实现的函数的变量个数为 k,应使 $n=k$ 或 $n=k-1$;

② 确定所实现的函数的输入变量与数据选择器地址的输入变量的对应关系;

③ 求数据选择器数据输入端的表达式;

④ 画出逻辑电路图。

用数据选择器实现组合逻辑函数时应注意:

① 如果实现函数选择不同变量作为数据选择器的地址输入端,将得到不同的设计结果。

② 用数据选择器实现多输出函数时,每个输出函数都要单独使用一个数据选择器。即数据选择器的数量与输出函数的个数相同。

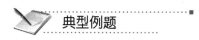

典型例题

【例 4-9】 试用 74HC138 和与非门设计一位全加器电路。

解 （1）逻辑抽象，建立一位全加运算的逻辑函数。

设 A 为被加数，B 为加数，CI 为低位向本位的进位，CO 为本位向高位的进位，S 为本位相加的和。则列出一位全加运算的真值表如表 4-15 所示。

由真值表得到逻辑函数式

$$\begin{cases} S=\sum m(1,\ 2,\ 4,\ 7) \\ CO=\sum m(3,\ 5,\ 6,\ 7) \end{cases} \tag{4-24}$$

（2）用 74HC138 和与非门设计该函数。

74HC138 为二进制译码器，又称为最小项译码器。74HC138 的 8 个输出端是其地址端变量对应的 8 个最小项的反函数输出，见式（4-11）。令 74HC138 的地址端 $A_2A_1A_0=ABCI$，则将式（4-24）整理成与非-与非式，得到

$$\begin{cases} S=(m_1'\cdot m_2'\cdot m_4'\cdot m_7')'=(Y_1'\cdot Y_2'\cdot Y_4'\cdot Y_7')' \\ CO=(m_3'\cdot m_5'\cdot m_6'\cdot m_7')'=(Y_3'\cdot Y_5'\cdot Y_6'\cdot Y_7')' \end{cases} \tag{4-25}$$

（3）画出设计的逻辑电路如图 4-23。

表 4-15　例 4-9 的真值表

输　入			输　出	
A	B	CI	S	CO
0	0	0	0	0
0	0	1	1	0
0	1	0	1	0
0	1	1	0	1
1	0	0	1	0
1	0	1	0	1
1	1	0	0	1
1	1	1	1	1

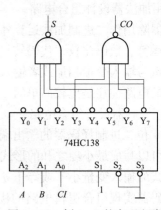

图 4-23　例 4-9 的实现电路

【解题指导与点评】　本题解题关键在于将得到的逻辑式与 74HC138 的输出端逻辑函数式对照比较，发现二者之间的逻辑关系。在确定译码器地址输入变量与要实现的函数的输入变量的对应关系时，要注意变量顺序，以保证式（4-25）的成立。

【例 4-10】　利用 3 线-8 线译码器 74HC138 设计一个两变量组合逻辑电路，实现 $Y=A+A'B$。

解　此题已给出要实现的函数的逻辑式，只需要将待求的函数与 74HC138 联系起来即可。74HC138 的地址输入端为 3 个，要实现的函数的变量数为 2 个，则需要对多余的一个地址输入端进行适当处理，分析如下：

（1）确定所设计电路的输入变量 A、B 与 74HC138 的输入变量 A_2、A_1、A_0 的对应关系。方法多样，举例一种。令 $AB=A_1A_0$，$A_2=0$（或 1）。

（2）将 Y 的表达式变换成最小项之和的形式（对应变量 A、B），再变换为"与非-与非"的形式。

$$Y=A+A'B$$

$$=A(B+B')+A'B$$

$$=AB+AB'+A'B$$

$$=m_1+m_2+m_3=[(m_1+m_2+m_3)']'$$

$$=(m_1'\cdot m_2'\cdot m_3')' \tag{4-26}$$

由于 $A_2A_1A_0=0AB$，所以式（4-26）可改写成关于变量 A_2、A_1、A_0 的最小项之和表达式

$$Y=(m_1'\cdot m_2'\cdot m_3')'=(Y_1'\cdot Y_2'\cdot Y_3')' \tag{4-27}$$

（3）根据式（4-27），配合与非门，画出电路如图 4-24 所示。

【解题指导与点评】　74HC138 的输出端提供了 3 个地址输入变量的全部最小项的反函数，待求的两变量的逻辑函数可以写成最小项之和的形式，则如何处理多余的一个地址输入端是本题关键点。若将多余输入端处理成常量，应注意 74HC138 的输出端的变化，以及待实现函数最小项之和表达式如何选取合适的 74HC138 的输出端。思考：在例 4-10 中，若令 $A_2A_1A_0$ $=1AB$，电路应怎么连接？$A_2A_1A_0=AB0$ 呢？

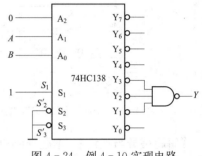

图 4-24　例 4-10 实现电路

【例 4-11】　利用双 4 选 1 选择器 74HC153 实现如下逻辑函数

$$Y=A'B'C'+A'BC'+AB'C+BC \tag{4-28}$$

解　此题已给出要实现函数的逻辑式，所以设计步骤如下：

（1）将函数式变换成最小项之和的形式。

$$Y=A'B'C'+A'BC'+AB'C+BC$$
$$=A'B'C'+A'BC'+AB'C+(A+A')BC$$
$$=A'B'C'+A'BC'+AB'C+ABC+A'BC \tag{4-29}$$

（2）确定所设计函数的输入变量与数据选择器的地址输入变量的对应关系。这步有多种对应关系。

若令 74HC153 的地址输入端 $A_1A_0=AB$，则变量 C 为数据输入端输入。则式（4-29）可变换为

$$Y=A'B'C'+A'BC'+AB'C+ABC+A'BC$$
$$=(A'B')\cdot C'+(A'B)\cdot C'+(AB')\cdot C+(AB)\cdot C+(A'B)\cdot C$$
$$=(A'B')\cdot C'+(A'B)\cdot 1+(AB')\cdot C+(AB)\cdot C \tag{4-30}$$

（3）写出 74HC153 其中一个 4 选 1 数据选择器输出端函数表达式

$$Y=D_0(A_1'A_0')+D_1(A_1'A_0)+D_2(A_1A_0')+D_3(A_1A_0) \tag{4-31}$$

式（4-30）与式（4-31）对照比较，可得 $D_0=C'$，$D_1=1$，$D_2=D_3=C$。

（4）画图，实现电路如图 4-25 所示。

若在第（2）步中：令 $A_1A_0=BC$，则变量 A 为数据输入端输入。则式（4-30）可变换为

$$Y=A'(B'C')+A'(BC')+A(B'C)+1\cdot BC \tag{4-32}$$

式（4-31）与式（4-32）对照比较，则可得 $D_0=D_2=A'$，$D_1=A$，$D_3=1$。

上例中选用的 4 选 1 数据选择器，数据选择器的地址端个数比要实现的函数变量个数少

一个，即满足设计步骤中 $n=k-1$ 的情况。若 $n=k$，即用 8 选 1 数据选择器 74HC151 实现该函数，令 $A_2A_1A_0=ABC$，8 选 1 数据选择器 74HC151 输出端的逻辑函数式为

$$Y=(A_2'A_1'A_0')D_0+(A_2'A_1'A_0)D_1+(A_2'A_1A_0')D_2+(A_2'A_1A_0)D_3$$
$$+(A_2A_1'A_0')D_4+(A_2A_1'A_0)D_5+(A_2A_1A_0')D_6+(A_2A_1A_0)D_7 \quad (4-33)$$

则将式（4-29）与（式4-33）对照，可得 $D_0=D_2=D_3=D_5=D_7=1$，$D_1=D_4=D_6$ $=0$。实现电路如图 4-26 所示。

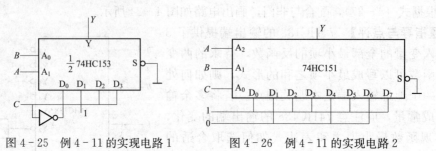

图 4-25　例 4-11 的实现电路 1　　　　　图 4-26　例 4-11 的实现电路 2

【解题指导与点评】　本题详细讲解了如何利用数据选择器实现一般的组合电路。特别需要强调的是当所设计函数的输入变量与数据选择器的地址输入变量的对应关系设定不一样时，所求得的数据端一般不同。

【例 4-12】　利用 4 位加法器 74LS283 设计一个代码转换电路，将余 3 码转换为 8421BCD 码。

解　余 3 码是在 8421BCD 码基础上每位十进制数 BCD 码再加上二进制数 0011（对应十进制数 3）得到的，每个数都大于 3，则要实现余 3 码到 8421BCD 码的转换，只要将余 3 码减去 3（0011）即可。为了用加法器实现减法运算，减数应变成补码（即 0011→1101），余 3 码 $Y_3Y_2Y_1Y_0$ 和 8421 码 $DCBA$ 之间转换关系如下

$$DCBA=Y_3Y_2Y_1Y_0+1101 \quad (4-34)$$

电路连接图如图 4-27 所示。

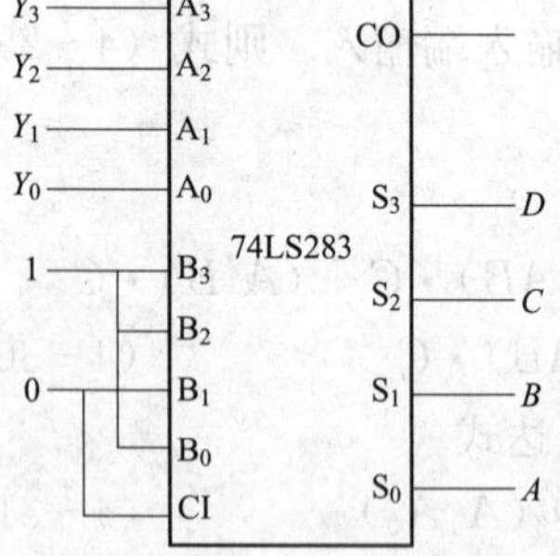

【解题指导与点评】　本题解题关键点在于将减法运算转化为补码的加法操作。

二进制加法器不但可以实现两个二进数的全加，实现 2 变量或 3 变量函数的奇偶判断（所有输入变量的异或为 1，则为奇数个 1），3 变量的多数表决（加法器的进位输出就是一个 3 变量多数表决输出）等，而且还可以用于实现二进数的全减（补码相加），相乘，8421BCD 码相加以及代码转换等。

图 4-27　例 4-12 的实现电路

【例 4-13】　设有一个 4 位二进制数 $X(X_3 \ X_2 \ X_1 \ X_0)$，送到一个判别电路。要求当 $X\leqslant3$ 时，输出 $Y_A=1$；$4\leqslant X\leqslant7$ 时，输出 $Y_B=1$；当 $X\geqslant8$ 时，输出 $Y_C=1$。试用两片 4 位数值比较器 74LS85 与若干个逻辑门实现此判别电路。

解　（1）分析题意，该判别电路要求用 4 位数值比较器实现，则需要用两片 4 位数值比较器 74LS85 将 X 分别和 3（或者 8）比较，得出大于、小于或者等于的结论。再利用两片

74LS85 的比较结果进行逻辑运算，满足题目要求。将 4 位二进制数 X 接入 74LS85 的 A 端数据输入端，将 3（或者 8）分别接入 74LS85 的 B 端数据输入端，列出逻辑关系表见表 4-16。

表 4-16　　　　　　　　　　　　　例 4-13 的逻辑关系表

输入变量	与 3 比较的 74LS85 输出			与 8 比较的 74LS85 输出			判别结果		
X	$Y_{1(A>B)}$	$Y_{1(A=B)}$	$Y_{1(A<B)}$	$Y_{2(A>B)}$	$Y_{2(A=B)}$	$Y_{2(A<B)}$	Y_A	Y_B	Y_C
$X<3$	0	0	1	0	0	1	1	0	0
$X=3$	0	1	0	0	0	1	1	0	0
$4 \leqslant X \leqslant 7$	1	0	0	0	0	1	0	1	0
$X=8$	1	0	0	0	1	0	0	0	1
$X>8$	1	0	0	1	0	0	0	0	1

（2）根据表 4-16 求出判别输出结果

$$\begin{cases} Y_A = Y_{1(A<B)} + Y_{1(A=B)} \\ Y_B = Y_{1(A>B)} \cdot Y_{2(A<B)} \\ Y_C = Y_{2(A=B)} + Y_{2(A>B)} \end{cases} \tag{4-35}$$

（3）画出逻辑电路图如图 4-28 所示。

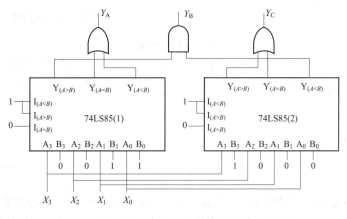

图 4-28　例 4-13 的实现电路

【解题指导与点评】　本题有点难度。一般读者仅能够利用比较器得出 X 和 3、X 和 8 的比较结果，难点在于如何利用比较结果得到满足题目要求的输出。这就需要读者利用逻辑思维和逻辑联想的方法去寻求设计的突破口，找出解决问题的思路和方法。

【例 4-14】　某医院有一、二、三、四号病室 4 间，每室设有呼叫按钮，同时在护士值班室内对应地装有一号、二号、三号、四号 4 个指示灯。现要求：当一号病室的按钮按下时，无论其他病室的按钮是否按下，只有一号灯亮。当一号病室的按钮没有按下而二号病室的按钮按下时，无论三号、四号病室的按钮是否按下，只有二号灯亮。当一号、二号病室的按钮没有按下而三号病室的按钮按下时，无论四号病室的按钮是否按下，只有三号灯亮。只有一号、二号、三号病室的按钮没有按下，四号病室按钮按下时，四号灯才亮。试用 8 线-3 线优先编码器 74HC148 和门电路设计满足上述控制要求的逻辑电路，给出控制四个指示灯状态的高、低电平信号。

解　分析题意，本题中四个病室的呼叫信号存在优先级别，所以需要利用 74HC148 将这四个病室的呼叫信号按优先级别甄选出来。

（1）由于 74HC148 的编码请求输入是低电平有效，因此设 A_1'、A_2'、A_3'、A_4' 的低电平分别表示一、二、三、四号病室按下按钮时给出的信号。74HC148 有 8 个低电平有效的编码请求输入端，选择将 A_1'、A_2'、A_3'、A_4' 的信号接到 74HC148 的输入端 I_3'、I_2'、I_1'、I_0' 上，则可在 74HC148 的输出端 Y_2'、Y_1'、Y_0' 上得到对应的编码输出。

（2）若以 Z_1、Z_2、Z_3、Z_4 分别表示一号、二号、三号、四号灯的点亮信号，还需将 74HC148 的输出代码译成 Z_1、Z_2、Z_3、Z_4 对应的输出高电平。对应的逻辑真值表见表 4-17。

（3）由真值表可写出 Z_1、Z_2、Z_3、Z_4 的表达式

$$\begin{cases} Z_1 = Y_2' \cdot Y_1 \cdot Y_0 \\ Z_2 = Y_2' \cdot Y_1 \cdot Y_0' \\ Z_3 = Y_2' \cdot Y_1' \cdot Y_0 \\ Z_4 = Y_2' \cdot Y_1' \cdot Y_0' \end{cases} \quad (4-36)$$

（4）画出逻辑电路图如图 4-29 所示。

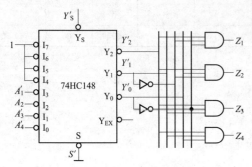

图 4-29　例 4-14 的实现电路

表 4-17　　　　　　　　　　　例 4-14 真值表

A_1'	A_2'	A_3'	A_4'	Y_2'	Y_1'	Y_0'	Z_1	Z_2	Z_3	Z_4
0	×	×	×	1	0	0	1	0	0	0
1	0	×	×	1	0	1	0	1	0	0
1	1	0	×	1	1	0	0	0	1	0
1	1	1	0	1	1	1	0	0	0	1

【解题指导与点评】　本题通过优先编码器 74HC148 的优先编码功能将优先级别不同的病室呼叫请求进行甄选，编码输出，再将编码输出加以适当的门电路实现四个病房的呼叫信号显示。

自测题

1. 试用 74HC138 和与非门设计一位全减器电路。

2. 试用 3 线-8 线译码器 74HC138 和必要的门电路产生逻辑函数 $Y = AB + B'C$。

3. 试用一片（只用一片，不加任何附加门）4 位加法器 74LS283 实现 8421BCD 码到余 3 码的转换电路。

4. 试用 4 位加法器 74LS283 配合少量门电路实现两个 4 位二进制数相减。

5. 试用 3 线-8 线译码器 74HC138 设计一个三变量全等电路。

6. 试用双 4 选 1 数据选择器 74HC153 设计一位二进制数全加器。

7. 设 A、B、C 为某保密锁的三个按钮，当 A、B、C、均不按下或 A 单独按下时，锁既不打开也不报警；只有当 A、B、C 或者 A、B 或者 A、C 分别同时按下时，锁才能被打开。当不符合上述组合状态时，将发出报警信息。试用双 4 选 1 数据选择器 74HC153 和少量门电路实现。

习题精选

1. 试用一片 8 选 1 数据选择器 74HC151 和与非门设计一个组合逻辑电路，用来判断 4 位二进制数 $ABCD$ 能否被 3 整除。（哈尔滨工业大学 2009 年攻读硕士学位研究生入学考试试题）

2. 设 X、Z 均为 3 位二进制数，X 为输入，Z 为输出，要求二者之间有下述关系：

当 $3 \leqslant X \leqslant 6$ 时，$Z = X + 1$

$X < 3$ 时，$Z = 0$

$X > 6$ 时，$Z = 3$

试用一片 3 线-8 线译码器 74HC138 实现上述要求的逻辑电路。

3. 试用双 4 选 1 数据选择器 74HC153 设计一个 2 位二进制数相乘的乘法电路。（哈尔滨工业大学 2002 年攻读硕士学位研究生入学考试试题）

4. 试用两片 4 位加法器 74283 和少量其他门电路设计一个 8 位二进制数带符号运算电路（加、减均可）。两个 8 位二进制数为 A $(A_7 A_6 A_5 A_4 A_3 A_2 A_1 A_0)$ 和 B $(B_7 B_6 B_5 B_4 B_3 B_2 B_1 B_0)$，其中 A_7、B_7 分别为 A、B 的符号位，正数的符号位为 0，负数的符号位为 1。做加法运算时，$k = 0$，做减法运算时，$k = 1$。说明运算结果每一位的含义。（哈尔滨工业大学 2007 年攻读硕士学位研究生入学考试试题）

5. 某科研机构有一个重要实验室。其入口处有一自动控制电路如题图 4-20 所示，图中 DE 为控制端，令上午、下午、晚上其取值分别为 01、10、11。现有三组科研人员（G_1、G_2、G_3）在实验室做实验。A、B、C 为对应 G_1、G_2、G_3 的三组识别码，其上机的优先顺序是：上午为 G_1、G_2、G_3，下午为 G_2、G_3、G_1，晚上为 G_3、G_1、G_2，电路的输出 F_1、F_2、F_3 为 1 时分别表示 G_1、G_2、G_3 能上机同时打开实验室大门。试分别用 3-8 线

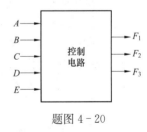

题图 4-20

译码器和 4 选 1 数据选择器来完成电路设计，辅助门电路任选。（哈尔滨工业大学 2004 年攻读硕士学位研究生入学考试试题）

第五章 触 发 器

> **重点**：不同电路结构触发器的动作特点、图形符号以及输出波形的画法；不同逻辑功能触发器的特性方程、特性表及状态转换图以及不同逻辑功能触发器之间的相互转换。
>
> **难点**：不同电路结构触发器的工作原理和输出波形的画法。
>
> **要求**：熟练掌握不同电路结构触发器的动作特点、图形符号以及输出波形的画法；不同逻辑功能触发器的特性方程、特性表以及不同逻辑功能触发器之间的相互转换。

课题 **基本概念与分析依据**

 内容提要

1. 基本概念

触发器是构成时序电路的基本逻辑单元，必须具备以下两个基本特点：

① 具有两个能够自行保持的稳定状态 0 状态和 1 状态，用来表示其存储的内容。

② 在触发信号的作用下，触发器可以从一种稳定状态转变为另一种稳定状态；当触发信号消失后，触发器能保持原有状态不变。

触发器的分类方法很多，根据电路的结构和工作特点分为：SR 锁存器、同步 SR 触发器、主从触发器、边沿触发器等。根据触发器的触发方式分为：电平触发器、脉冲触发器和边沿触发器。根据触发器的逻辑功能分为：SR 触发器、D 触发器、JK 触发器、T 触发器等几种类型。

2. 触发器描述方法

触发器是构成时序电路的基本逻辑单元，组合逻辑电路的描述方法已经不能用来描述它们的逻辑功能。触发器逻辑功能一般可用逻辑符号、特性表、特性方程、状态转换图和工作波形图等方法进行描述。通常把触发器变化前的状态称为初态，用 Q 表示；把变化后的状态称为次态，用 Q^* 表示。触发器的逻辑符号、特性方程和特性表如表 5-1 所示。

① 特性表是指将触发器的 Q^* 作为输出变量，输入信号和 Q 作为输入变量，而列出的真值表。

② 特性方程是描述触发器逻辑功能的最简逻辑函数表达式。

③ 状态转换图是以图的形式描述触发器状态转换的规律。状态转换图中以两个圆圈表示触发器的两个稳态，0 状态和 1 状态；箭头表示触发器的状态由初态到次态的转换方向；箭头的旁边注明状态转换的条件。

表 5 - 1　　　　　　　　　　触 发 器 功 能 一 览 表

类型	逻辑符号	特性方程	状态转换图	特性表
SR锁存器（基本SR触发器）		—	—	（见下表1）
电平触发的触发器（同步触发器）		$Q^*=S+R'Q$ $SR=0$		（见下表2）
		$Q^*=D$		（见下表3）

特性表1（SR锁存器）

S'_D	R'_D	Q	Q^*	功能
1	1	0	0	保持
1	1	1	1	保持
0	1	0	1	置1
0	1	1	1	置1
1	0	0	0	置0
1	0	1	0	置0
0	0	0	1①	不定
0	0	1	1①	不定

① S'_D、R'_D的 0 状态同时消失以后状态不定

特性表2（电平触发 SR）

CLK	S	R	Q	Q^*	功能
0	×	×	0	0	保持
0	×	×	1	1	保持
1	0	0	0	0	保持
1	0	0	1	1	保持
1	1	0	0	1	置1
1	1	0	1	1	置1
1	0	1	0	0	置0
1	0	1	1	0	置0
1	1	1	0	1①	不定
1	1	1	1	1①	不定

① CLK 回到低电平后输出状态不定

特性表3（D触发器）

CLK	D	Q	Q^*	功能
0	×	0	0	保持
0	×	1	1	保持
1	0	0	0	置0
1	0	1	0	置0
1	1	0	1	置1
1	1	1	1	置1

续表

<table>
<tr><th>类型</th><th>逻辑符号</th><th>特性方程</th><th>状态转换图</th><th>特性表</th></tr>
<tr><td rowspan="2">脉冲触发的触发器（主从触发器）</td><td>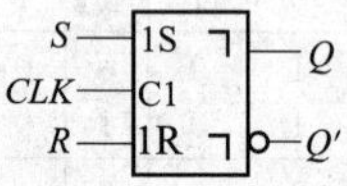S
CLK
R
1S
C1
1R
Q
Q′</td><td>$Q^{*}=S+R'Q$
$SR=0$</td><td>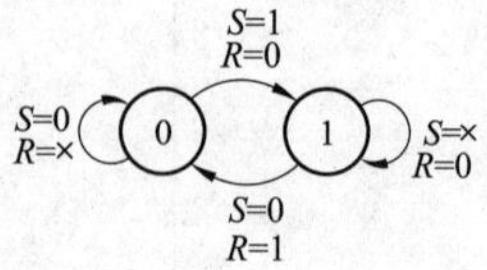S=1
R=0
S=0
R=×
0
1
S=×
R=0
S=0
R=1</td><td>
<table>
<tr><th>CLK</th><th>S R</th><th>Q</th><th>Q*</th><th>功能</th></tr>
<tr><td>×
×</td><td>× ×
× ×</td><td>0
1</td><td>0
1</td><td>保持</td></tr>
<tr><td>⊓↓
⊓↓</td><td>0 0
0 0</td><td>0
1</td><td>0
1</td><td>保持</td></tr>
<tr><td>⊓↓
⊓↓</td><td>1 0
1 0</td><td>0
1</td><td>1
1</td><td>置 1</td></tr>
<tr><td>⊓↓
⊓↓</td><td>0 1
0 1</td><td>0
1</td><td>0
0</td><td>置 0</td></tr>
<tr><td>⊓↓
⊓↓</td><td>1 1
1 1</td><td>0
1</td><td>1①
1①</td><td>不定</td></tr>
</table>
① 表示 CLK 回到低电平后输出状态不定
</td></tr>
<tr><td>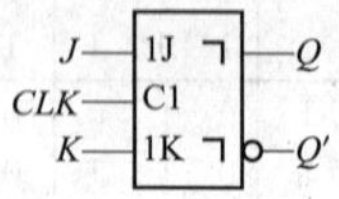J
CLK
K
1J
C1
1K
Q
Q′</td><td>$Q^{*}=JQ'+K'Q$</td><td>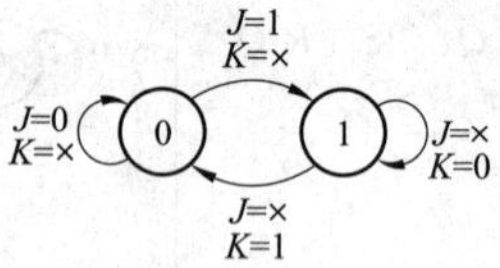J=1
K=×
J=0
K=×
0
1
J=×
K=0
J=×
K=1</td><td>
<table>
<tr><th>CLK</th><th>J K</th><th>Q</th><th>Q*</th><th>功能</th></tr>
<tr><td>×
×</td><td>× ×
× ×</td><td>0
1</td><td>0
1</td><td>保持</td></tr>
<tr><td>⊓↓
⊓↓</td><td>0 0
0 0</td><td>0
1</td><td>0
1</td><td>保持</td></tr>
<tr><td>⊓↓
⊓↓</td><td>1 0
1 0</td><td>0
1</td><td>1
1</td><td>置 1</td></tr>
<tr><td>⊓↓
⊓↓</td><td>0 1
0 1</td><td>0
1</td><td>0
0</td><td>置 0</td></tr>
<tr><td>⊓↓
⊓↓</td><td>1 1
1 1</td><td>0
1</td><td>1
0</td><td>翻转</td></tr>
</table>
</td></tr>
<tr><td>边沿触发的触发器</td><td>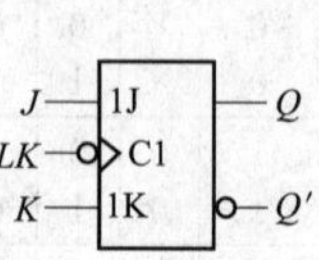J
CLK
K
1J
C1
1K
Q
Q′</td><td>$Q^{*}=JQ'+K'Q$</td><td>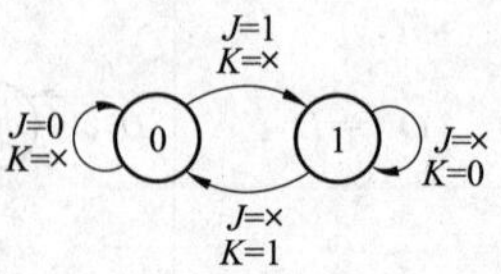J=1
K=×
J=0
K=×
0
1
J=×
K=0
J=×
K=1</td><td>
<table>
<tr><th>CLK</th><th>J K</th><th>Q</th><th>Q*</th><th>功能</th></tr>
<tr><td>×
×</td><td>× ×
× ×</td><td>0
1</td><td>0
1</td><td>保持</td></tr>
<tr><td>↓
↓</td><td>0 0
0 0</td><td>0
1</td><td>0
1</td><td>保持</td></tr>
<tr><td>↓
↓</td><td>1 0
1 0</td><td>0
1</td><td>1
1</td><td>置 1</td></tr>
<tr><td>↓
↓</td><td>0 1
0 1</td><td>0
1</td><td>0
0</td><td>置 0</td></tr>
<tr><td>↓
↓</td><td>1 1
1 1</td><td>0
1</td><td>1
0</td><td>翻转</td></tr>
</table>
</td></tr>
</table>

续表

类型	逻辑符号	特性方程	状态转换图	特性表
边沿触发的触发器	D —1D— Q CLK —▷C1— Q'	$Q^* = D$	（状态转换图：$D=0$、$D=1$、$D=1$、$D=0$，状态 0 与 1）	<table><tr><td>CLK</td><td>D</td><td>Q</td><td>Q*</td><td>功能</td></tr><tr><td>×</td><td>×</td><td>0</td><td>0</td><td rowspan="2">保持</td></tr><tr><td>×</td><td>×</td><td>1</td><td>1</td></tr><tr><td>↑</td><td>0</td><td>0</td><td>0</td><td rowspan="2">置0</td></tr><tr><td>↑</td><td>0</td><td>1</td><td>0</td></tr><tr><td>↑</td><td>1</td><td>0</td><td>1</td><td rowspan="2">置1</td></tr><tr><td>↑</td><td>1</td><td>1</td><td>1</td></tr></table>
	T —1T— Q CLK —▷C1— Q'	$Q^* = TQ' + T'Q$	（状态转换图：$T=0$、$T=1$、$T=1$、$T=0$，状态 0 与 1）	<table><tr><td>CLK</td><td>T</td><td>Q</td><td>Q*</td><td>功能</td></tr><tr><td>×</td><td>×</td><td>0</td><td>0</td><td rowspan="2">保持</td></tr><tr><td>×</td><td>×</td><td>1</td><td>1</td></tr><tr><td>↓</td><td>0</td><td>0</td><td>0</td><td rowspan="2">保持</td></tr><tr><td>↓</td><td>0</td><td>1</td><td>1</td></tr><tr><td>↓</td><td>1</td><td>0</td><td>1</td><td rowspan="2">翻转</td></tr><tr><td>↓</td><td>1</td><td>1</td><td>0</td></tr></table>

3. 不同逻辑功能触发器之间逻辑功能的转换

将 JK、SR、T 三种类型的触发器的特性表比较一下不难发现，其中 JK 触发器的逻辑功能最强，它包含了 SR 触发器和 T 触发器的所有功能。因此，在需要使用 SR 触发器和 T 触发器的场合完全可以用 JK 触发器来替代，如图 5-1（a）和图 5-1（b）所示。当 $J=K=1$ 时，JK 触发器就可以实现每来一个脉冲，触发器的状态变化一次的功能（即实现 T'触发器的逻辑功能），如图 5-1（c）所示。在图 5-1（d）所示的电路中，JK 触发器的 $J=D$，$K=D'$，实现了 D 触发器的所有功能。

D 触发器只有一个输入端，使用起来最简单，因此，在图 5-2 所示的电路中，$D=Q'$，从而 D 触发器就可以实现 T'触发器的逻辑功能。

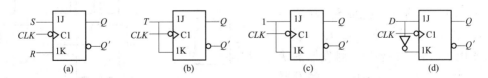

图 5-1　JK 触发器转换为 SR、T、T'、D 触发器

(a) 转换为 SR 触发器；(b) 转换为 T 触发器；(c) 转换为 T'触发器；(d) 转换为 D 触发器

4. 触发器的应用

（1）触发器存储功能的应用是利用触发器的记忆功能把需要保存的瞬态信号保存下来，直到需要消除为止。

（2）触发器分频/计数功能的应用。

当 T 触发器处于 $T=1$ 工作状态时，每输入一个 CLK

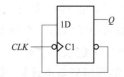

图 5-2　D 触发器转换为 T'触发器

脉冲，输出状态改变一次，因此，输出脉冲的频率将为 CLK 脉冲频率的 $1/2$。这就是所说的分频功能。在第六章中将会更详细地讨论由触发器组成各种分频器/计数器的有关功能，这里就不做进一步的介绍了。

 典型例题

【例 5-1】 如图 5-3 所示的与非门构成的 SR 锁存器中，画出 Q、Q' 的波形，输入信号 S'_D、R'_D 的波形如图 5-3 所示。

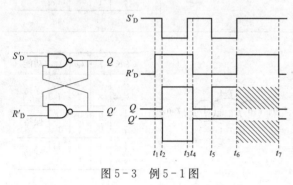

图 5-3 例 5-1 图

解 根据每一时间段内的 S'_D、R'_D 的状态去查 SR 锁存器的特性表，即可找出 Q、Q' 的相应状态，并画出对应的波形图，如图 5-3 所示。值得注意的是：在 $t_5 \sim t_6$ 时间段内 $S'_D = R'_D = 0$，$Q = Q' = 1$，当 S'_D、R'_D 的 0 状态同时消失时，锁存器输出的状态为不定状态，一直到 t_7 时刻 R'_D 回到 0 状态后不定状态结束，锁存器的状态回到 0 状态。

【解题指导与点评】 本题考查的知识点是 SR 锁存器的特性表。该题是根据给定输入信号的波形，画出对应的输出波形，此类题比较简单，只要掌握了 SR 锁存器的逻辑功能（或特性表）就可以求解。在画输出端波形时，应注意：当 $S'_D = R'_D = 0$ 时，$Q = Q' = 1$；当 S'_D 和 R'_D 同时由 0 变为 1 后锁存器输出的状态为不定状态，用阴影表示。

【例 5-2】 在电平触发的 SR 触发器中，若 CLK、S、R 的电压波形如图 5-4 所示，试画出 Q、Q' 的波形。假设触发器的初态为 $Q = 0$。

解 在 $CLK = 1$ 的期间内，根据 S、R 的状态，查找特性表，即可找出 Q、Q' 的相应状态，并画出它们的波形图，如图 5-4 所示。值得注意的是：在第一个 $CLK = 1$ 时间内 $S = R = 1$，$Q = Q' = 1$，当 S 由 1 回到 0 状态后，触发器的状态回到 0 状态；当 $CLK = 0$ 后，触发器不再接受输入信号，触发器处于保持状态；在第三个 CLK 脉冲回到低电平时，$S = R = 1$，由特性表可知，此时刻之后的状态为不定状态，直到下一个 CLK 脉冲到来时不定状态结束。

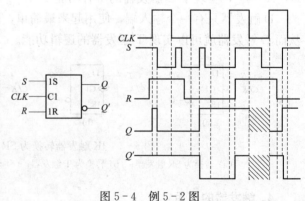

图 5-4 例 5-2 图

【解题指导与点评】 本题考查的知识点是电平触发 SR 触发器的动作特点和逻辑功能。在画输出端波形时，应注意：在 $CLK = 1$ 期间内，当 $S = R = 1$ 时，$Q = Q' = 1$；当 CLK 回到低电平后，触发器的状态为不定状态。此外，在 CLK 为高电平期间，如果 S 和 R 有变

化，注意分析 S 和 R 变化的全过程。

【例 5 - 3】 带有异步置位端和复位端的主从结构的 SR 触发器的输入电压波形如图 5 - 5 所示，试画出输出信号 Q、Q' 的波形。

解 由图 5 - 5 可见，R'_D 和 S'_D 分别为异步复位端和异步置位端，只要在 R'_D 或 S'_D 加入低电平即可将触发器置 1 或置 0，而不受时钟信号和输入信号的控制。在波形的起始部分，根据 $R'_D = 0$ 确定触发器的初态为 0 状态。由图 5 - 5 可见，在第一个 CLK = 1 期间，$S = 1$、$R = 0$，主触发器置 1，在 CLK 下降沿到达后，从触发器接收主触发器的输出信号，置成 1 状态；在第二个 CLK = 1 期间，R 发生

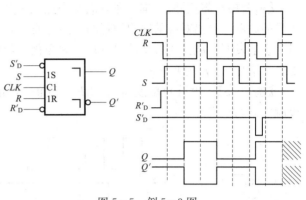

图 5 - 5 例 5 - 3 图

变化，分析 S 和 R 变化的全过程，发现主触发器最后的状态为 0 状态，在 CLK 下降沿到达后，从触发器置成 0 状态；在第三个 CLK = 1 期间，S 和 R 均发生变化，分析 S 和 R 变化的全过程，发现主触发器的最后状态为 0 状态，在 CLK 下降沿到达后，从触发器置成 0 状态；而在第四个上升沿到来之前，S'_D 出现低电平，触发器置成 1 状态，此状态一直持续到第四个 CLK 下降沿到达时刻。此时 $S = R = 1$，触发器输出为不定状态。Q 和 Q' 的波形如图 5 - 5 所示。

【解题指导与点评】 本题考查的知识点是主从 SR 触发器的逻辑功能。在根据给定输入信号的波形，画出对应的输出波形时，应注意：①若在 CLK = 1 期间内，S 和 R 无变化时；或者 S 和 R 有变化，并且在 CLK 回到电平时刻 S 和 R 均不为 0 时，则可按 CLK 回到低电平时刻的 S 和 R 信号，查特性表，画输出端的波形；②若在 CLK = 1 期间内，S 和 R 有变化，并且在 CLK 回到低电平时 S 和 R 均为 0，则需要根据在 CLK = 1 期间内，S 和 R 最后均不为 0 的状态，确定触发器的状态。此外，此题为带有异步置位端和异步复位端的触发器，这两个输入端的信号不受时钟信号和输入信号的控制，只要 R'_D 或 S'_D 信号有效，就可改变触发器的状态。

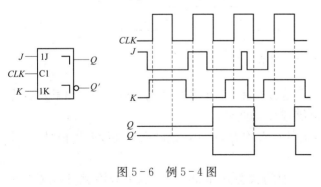

图 5 - 6 例 5 - 4 图

【例 5 - 4】 若主从结构的 JK 触发器的 CLK、J、K 的电压波形如图 5 - 6 所示，试画出 Q、Q' 的波形。假设触发器的初态 $Q = 0$。

解 由图 5 - 6 可见，在第一个 CLK 高电平期间，$J = 0$、$K = 1$ 主触发器置 0，在 CLK 回到低电平时，触发器置成 0 状态；在第二个 CLK 高电平期间，J 发生变化，分析 J 和 K 变化过程可知，主触发器最后的状态为 1

状态，在 CLK 回到低电平时，从触发器置成 1 状态；在第三个 CLK 高电平期间，J 和 K

均发生变化，分析 J、K 变化过程可知，主触发器最终的状态为 0 状态，在 CLK 回到低电平时，从触发器置成 0 状态；在第四个 CLK 高电平期间，$J=K=1$，触发器翻转。Q 和 Q' 的波形如图 5-6 所示。

【解题指导与点评】 本题考查的知识点是主从 JK 触发器的逻辑功能。在根据给定输入信号的波形，画出对应的输出波形时，应注意：在 $CLK=1$ 期间内，若触发器的初态 $Q=1$ 时，主触发器只能接受置 0 信号（K）的变化；若触发器的初态 $Q=0$ 时，主触发器只能接受置 1 信号（J）的变化。

【例 5-5】 边沿 D 触发器的 CLK、D 波形如图 5-7 所示，试画出 Q、Q' 的波形。假设触发器的初态 $Q=0$。

解 该触发器为边沿触发器，触发器的状态仅仅取决于 CLK 信号的上升沿或下降沿时刻的输入信号，由特性表可得到图 5-7 所示的波形图。

【解题指导与点评】 本题考查的知识点是边沿触发器的动作特点和逻辑功能。此类题比较简单，首先判断触发器是上升沿触发还是下降沿触发，再根据触发器的特性表，得到输出信号 Q 的波形。

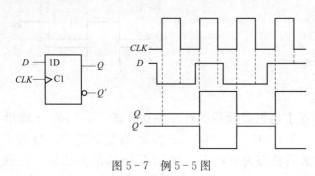

图 5-7　例 5-5 图

【例 5-6】 如图 5-8 所示触发器的初态 $Q=0$，画出在时钟信号 CLK 作用下触发器 Q 的波形。

解 由图 5-8 可知 $J=A\oplus Q'$，求出 J 的值，在 CLK 信号下降沿时刻，根据 J、K 输入信号，确定 Q 的波形如图 5-8 所示。

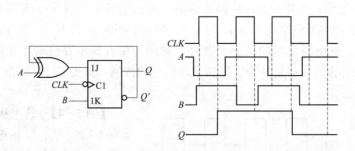

图 5-8　例 5-6 图

【解题指导与点评】 本题考查的知识点是边沿触发器的逻辑功能。根据图求出触发器的输入信号，由触发器的特性表，得到输出信号 Q 的波形。

【例 5-7】 如图 5-9 所示，各触发器的初态均为 $Q=0$，试画出在连续时钟信号 CLK 作用下各触发器 Q 的波形。

解 此类题在画图前先应写出每个触发器的状态方程 $Q_1^*=Q_1'$（上升沿触发），$Q_2^*=Q_2'$（上升沿触发），$Q_3^*=Q_3'$（下升沿触发），$Q_4^*=Q_4$（下升沿触发），再根据各个触发器的动作特点画出 Q 的波形，如图 5-9 所示。

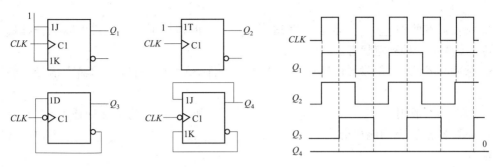

图 5-9 例 5-7 图

【解题指导与点评】 本题考查的知识点是各触发器特性方程。在画输出信号的波形时，注意各触发器的触发方式。

自测题

一、选择题

1. 两个与非门构成的 SR 锁存器，当 $Q=1$，$Q'=0$ 时，两个输入信号 $R'_D=S'_D=1$。触发器的输出为（　　）。

A. $Q=1$，$Q'=0$　　B. $Q=0$，$Q'=1$　　C. $Q=0$，$Q'=0$　　D. $Q=1$，$Q'=1$

2. 同步 SR 触发器的两个输入端 RS 为 00，要使它的输出状态从 0 状态变为 1 状态，它的 RS 应为（　　）。

A. 00　　　　　B. 01　　　　　C. 10　　　　　D. 11

3. 如果把 D 触发器的输出 Q' 反馈到输入 D，则输出 Q 的脉冲波形的频率为 CLK 脉冲频率 f 的（　　）。

A. 二倍　　　　B. 一倍　　　　C. 四分之一　　　D. 二分之一

4. 要使 JK 触发器的输出 Q 从 1 变为 0，它的输入信号 JK 应为（　　）。

A. 00　　　　　B. 01　　　　　C. 10　　　　　D. 无法确定

5. 如果把 JK 触发器的 JK 输入端接到一起，该触发器就转换为（　　）触发器。

A. D　　　　　B. T　　　　　C. SR　　　　　D. T'

6. 主从触发器 Q 的状态是在时钟脉冲 CLK（　　）发生变化。

A. 上升沿　　　B. 下降沿　　　C. 高电平　　　D. 低电平

7. 触发器有（　　）个稳定的状态。

A. 2　　　　　B. 1　　　　　C. 3　　　　　D. 0

8. 下列触发器中（　　）的抗干扰能力最强。

A. SR 锁存器　　B. 同步 SR 触发器　C. 主从触发器　　D. 边沿触发器

9. 下列触发器中（　　）存在约束条件。

A. 主从 SR 触发器　B. T 触发器　　　C. JK 触发器　　　D. D 触发器

二、填空题

1. 组合逻辑电路的基本单元电路是 _____，时序逻辑电路的基本单元电路是_____。

2. 触发器有两种_____状态，在适当_____的作用下，触发器可以从一种稳定的状态转换变为另一种稳定状态。

3. 脉冲触发的 SR 触发器的特性方程中约束条件 $\overline{SR}=0$，所以它的输入信号不能同时为_____。

4. 触发器一般用_____、_____、_____和_____等方法描述。

5. 触发器按逻辑功能可分为_____、_____、_____和_____ 4 种最常用的触发器。

6. JK 触发器的特性方程为：_____。

7. 用 4 个触发器可以存储_____位二进制信息。

8. T 触发器的特性方程为：_____。

9. 触发器的三种触发方式分别为：_____、_____、_____，其中_____的抗干扰能力最强。

三、画图题

1. 在题图 5-1 所示的 SR 锁存器电路中，已知 S'_D、R'_D 的电压波形，试画出 Q、Q' 端对应的电压波形。

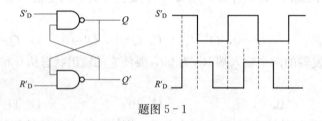

题图 5-1

2. 如题图 5-2 所示的电平触发 SR 触发器，已知 S、R、CLK 的波形，触发器的初态 $Q=0$，试画出 Q、Q' 的波形。

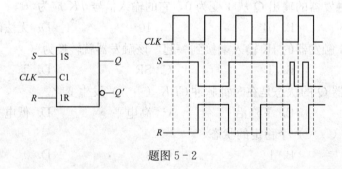

题图 5-2

3. 如题图 5-3 所示的主从 SR 触发器，已知 S、R、CLK 的波形，触发器的初态 $Q=0$，$Q'=1$，试画出 Q、Q' 的波形。

4. 已知主从 JK 触发器的电路波形如题图 5-4 所示，初始状态为 0 状态，试画出 Q、Q' 的电压波形。

5. 已知下降沿 JK 触发器的电路波形如题图 5-5 所示，初始状态为 0 状态，试画出 Q、

Q' 的电压波形。

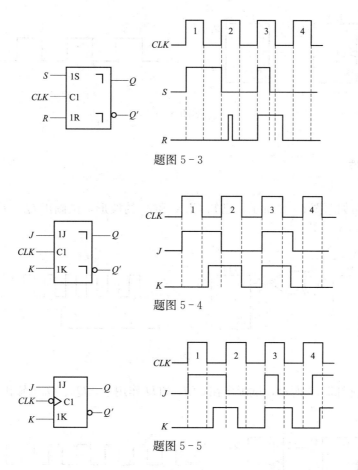

题图 5-3

题图 5-4

题图 5-5

6. 如题图 5-6 所示，各触发器的初态均为 $Q=0$，试画出在连续时钟信号 CLK 作用下各触发器 Q 的波形。

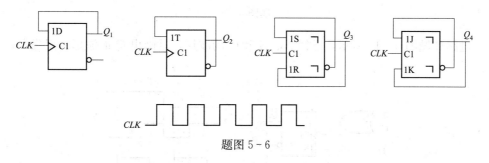

题图 5-6

7. 如题图 5-7 所示，试对应画出在时钟信号 CLK 作用下 Q_0、Q_1 的波形，各触发器的初态 $Q=0$。

8. 现有一个 JK 触发器，但是需要一个 D 触发器，请用 JK 触发器和基本逻辑门实现 D 触发器，要求画出电路图。（中国传媒大学 2005 年攻读硕士学位研究生入学考试试题）

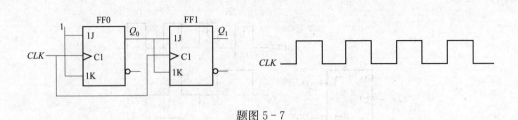

题图 5-7

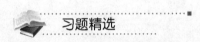

1. 逻辑电路如题图 5-8 所示，已知 CLK 和 A 的波形，试画出 Q_0、Q_1 的波形（各触发器的初态均为 0）。

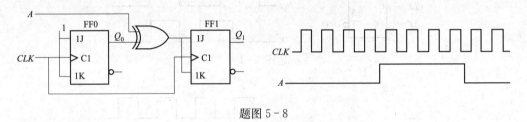

题图 5-8

2. 电路如题图 5-9 所示，试画出在 CLK 和 D 作用下，Q_1、Q_0 的输出波形（各触发器的初态均为 0）。

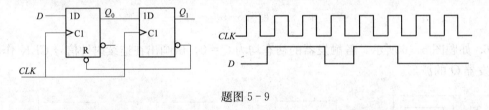

题图 5-9

3. 电路如题图 5-10 所示，已知 A、B 和 C 的波形，试画出 Q 的波形（触发器的初态为 0）。

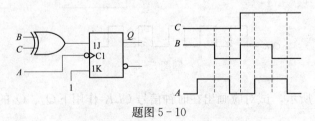

题图 5-10

4. 题图 5-11 所示的电平触发的 D 触发器，其 CLK、S'_D、R'_D 和 D 端的信号如题图 5-11 所示，试画出 Q 的波形。（华南理工大学 2007 年攻读硕士学位研究生入学考试试题）

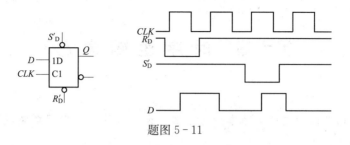

题图 5 - 11

5. 在题图 5 - 12 所示电路中 A 是输入端，画出输出端 B 的波形（各触发器的初态 $Q=0$）。

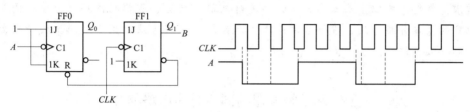

题图 5 - 12

6. 已知 CMOS 边沿触发器输入端 D 和时钟信号 CLK 的电压波形图如题图 5 - 13 所示，试画出 Q 和 Q' 端对应的电压波形，假定触发器的初始状态为 $Q=0$。（华南理工大学 2005 年攻读硕士学位研究生入学考试试题）

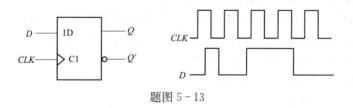

题图 5 - 13

7. 试将题图 5 - 14 所示的 D 触发器转换成 JK 触发器，要求画出电路图，可以添加必要的门电路。（西北工业大学 2007 年攻读硕士学位研究生入学考试试题）

8. 将 JK 触发器的 Q 端接其 K 端，Q' 端接其 J 端，设初始状态为 1 态，求经过 76 个时钟作用后触发器的新状态。（华南理工大学 2005 年攻读硕士学位研究生入学考试试题）

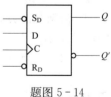

题图 5 - 14

第六章 时序逻辑电路

重点：同步时序逻辑电路的基本分析方法、设计方法；用中规模集成计数器设计任意进制计数器的方法。

难点：时序逻辑电路初态和次态概念的建立和区分；时序图的画法；同步时序电路的设计方法；中规模集成计数器的使用方法。

要求：熟练掌握以下基本内容：时序逻辑电路的特点、逻辑功能描述方法；同步时序逻辑电路的基本分析方法、设计方法；集成计数器的使用方法；用中规模集成计数器设计任意进制计数器的方法。

课题一 基于触发器的同步时序电路的分析方法

内容提要

同步时序逻辑电路的分析方法

时序逻辑电路的分析，是根据给定的时序逻辑电路图，分析电路在输入变量和时钟信号的作用下，电路的状态和输出状态的变化规律，从而确定电路的功能。

分析同步时序逻辑电路一般按如下步骤进行：

（1）根据给定的电路图写出每个触发器的驱动方程（即电路中每个触发器的输入信号的逻辑函数式）和电路输出方程。

（2）将得到的驱动方程代入相应触发器的特性方程，从而得到每个触发器的状态方程。

（3）根据状态方程和输出方程，列出该时序电路的状态转换表，从而画出电路的状态转换图或时序图。

（4）用文字描述给定的时序逻辑电路的逻辑功能，并检查该电路能否自启动。

典型例题

【例 6-1】 试分析图 6-1 所示时序电路的逻辑功能，写出电路的驱动方程、状态方程和输出方程，画出电路的状态转换图，并判断该电路能否自启动。（华南理工大学 2009 年攻读硕士学位研究生入学考试试题）

解 分析过程如下：

（1）根据图 6-1 给定的逻辑图写出电路的驱动方程和输出方程

$$\begin{cases} J_3 = Q_2 Q_1 \\ K_3 = Q_2 \end{cases} \quad \begin{cases} J_2 = Q_1 \\ K_2 = (Q_1' Q_3')' \end{cases} \quad \begin{cases} J_1 = (Q_2 Q_3)' \\ K_1 = 1 \end{cases} \quad Y = Q_2 Q_3 \tag{6-1}$$

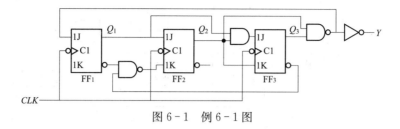

图 6-1 例 6-1 图

（2）将式（6-1）代入 JK 触发器的特性方程 $Q^* = JQ' + K'Q$ 中，得到电路的状态方程

$$\begin{cases} Q_3^* = Q_2 Q_1 Q_3' + Q_2' Q_3 \\ Q_2^* = Q_1 Q_2' + Q_3' Q_1' Q_2 \\ Q_1^* = (Q_2 Q_3)' Q_1' \end{cases} \quad (6-2)$$

（3）根据状态方程和输出方程，列出状态转换表如表 6-1 所示。

画出状态转换图如图 6-2 所示。

表 6-1 例 6-1 电路的状态转换表

Q_3	Q_2	Q_1	Q_3^*	Q_2^*	Q_1^*	Y
0	0	0	0	0	1	0
0	0	1	0	1	0	0
0	1	0	0	1	1	0
0	1	1	1	0	0	0
1	0	0	1	0	1	0
1	0	1	1	1	0	0
1	1	0	0	0	0	1
1	1	1	0	0	0	1

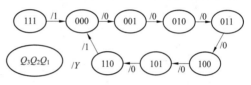

图 6-2 例 6-1 所示电路的状态转换图

（4）电路的逻辑功能分析。

从状态转换表和状态转换图可知：经过七个脉冲信号以后电路的状态循环变化一次，所以这个电路具有对时钟信号计数的功能。同时每经过七个脉冲作用以后输出端 Y 输出一个脉冲，所以该电路是一个七进制计数器，Y 就是进位输出脉冲。

当电路处于 111 状态时，在时钟信号的作用下，进入循环状态 000 之中。具有这种特点的时序电路称为能够自启动的时序电路。

综合上述：该电路是一个能够自启动的同步七进制计数器。

【解题指导与点评】 本题考查的知识点是同步时序逻辑电路的分析方法。状态转换表是分析时序电路逻辑功能的关键一步，比较繁琐，做题时应注意。它是将假设电路的初态代入状态方程和输出方程后得到次态和输出，将这一结果作为新的初态，重新代入状态方程和输出方程，又得到一组新的次态和输出值；如此继续下去即可发现，当初态为某一状态时，次态返回最初设定的初态；最后还要将循环状态之外的状态代入到状态方程和输出方程重新计算次态和输出。

【例 6-2】 试分析图 6-3 所示电路的逻辑功能。

解 （1）根据图 6-3 给定的逻辑图可写出电路的驱动方程和输出方程

$$\begin{cases} J_1 = X \oplus Q_0 \\ K_1 = X \oplus Q_0 \end{cases} \quad \begin{cases} J_0 = 1 \\ K_0 = 1 \end{cases} \quad Z = X Q_1' Q_0' \quad (6-3)$$

（2）将式（6-3）代入 JK 触发器的特性方程 $Q^* = JQ' + K'Q$ 中，得到电路的状态方程

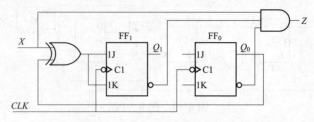

图 6-3　例 6-2 的逻辑电路图

$$\begin{cases} Q_1^* = (X \oplus Q_0)Q_1' + (X \oplus Q_0)'Q_1 = X \oplus Q_0 \oplus Q_1 \\ Q_0^* = Q_0' \end{cases} \quad (6-4)$$

（3）列出状态转换表，画出状态转换图。

状态转换表如表 6-2 所示。状态转换图如图 6-4 所示。

表 6-2　例 6-2 所示电路的状态转换表

$Q_1^* Q_0^* / Z$　X	00	01	11	10
0	01/0	10/0	00/0	11/0
1	11/1	00/0	10/0	01/0

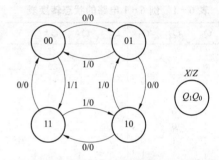

图 6-4　例 6-4 所示电路的状态转换图

（4）电路的逻辑功能分析。

从状态转换图可知：该电路为可控计数器，$X=0$ 时为四进制加法计数器，$X=1$ 时为四进制减法计数器。

【解题指导与点评】　本题考查的知识点是米利型时序逻辑电路的分析方法。在列态转换表和画状态转换图时均要考虑外部的输入信号 X 的取值，做题时注意状态转换表和状态转换图的画法。

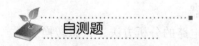
　　自测题

一、选择题

1. 时序逻辑电路基本单元电路为（　　）。

A. 触发器　　　　　　B. 逻辑门　　　　　　C. 中规模集成电路

2. 在以下各种电路中，属于时序电路的有（　　）。

A. 数据选择器　　　B. 编码器　　　　　C. 寄存器　　　　　D. 加法器

二、填空题

1. 时序逻辑电路的逻辑功能可由_____、_____和_____三种方程进行描述。

2. 在时序逻辑电路中一般包括_____、_____两部分，而_____是必不可少的。

3. 时序逻辑电路的特点是_____。

4. 根据输出信号的特点不同，可将时序逻辑电路分为_____和_____两种。

5. 同步时序逻辑电路和异步时序逻辑电路的区别是_____。

6. 如果同步时序逻辑电路由 n 个触发器构成，则在状态转换表中应该写出_____种情况。

三、分析题

1. 分析题图 6-1 所示电路的逻辑功能，写出驱动方程、输出方程、状态方程，画出状态转换图，并判断该电路是否能自启动。

2. 试分析题图 6-2 所示时序电路，写出电路的驱动方程、状态方程和输出方程，并画出电路的状态转换图。

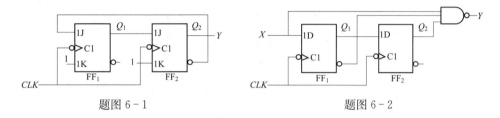

题图 6-1   题图 6-2

3. 同步时序电路如题图 6-3 所示，写出电路的驱动方程、状态方程和输出方程，列出电路的状态转换表；画出电路的状态转换图；指出该电路能否自启动。（中国传媒大学 2010 年攻读硕士学位研究生入学考试试题）

4. 试求题图 6-4 所示的时序电路的状态转换表和状态转换图，并分别说明 $X=0$ 及 $X=1$ 时电路的逻辑功能。

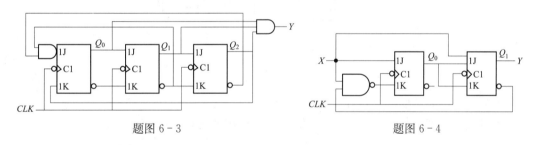

题图 6-3   题图 6-4

习题精选

1. 分析题图 6-5 所示的逻辑电路（设各触发器的初态均为 0）。写出电路的驱动方程和状态方程 ；画出电路的状态转换图，说明电路能否自启动。

2. 分析如题图 6-6 所示的时序逻辑电路。（1）写出电路的输出方程、驱动方程、状态方程；（2）画出电路完整的状态转换图，说明电路能否自启动。（华南理工大学 2010 年攻读硕士学位研究生考试试题）

3. 分析如题图 6-7 所示时序逻辑电路，写出电路的驱动方程、状态方程和输出方程，画出电路的状态转换图。（哈尔滨工业大学 2006 年攻读硕士学位研究生考试试题）

4. 逻辑电路如题图 6-8 所示。

（1）判断该电路是同步时序电路还是异步时序电路；

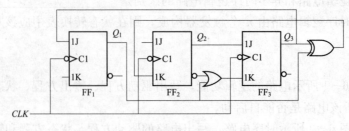

题图 6 - 5

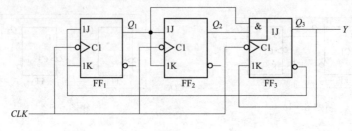

题图 6 - 6

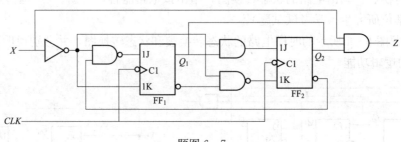

题图 6 - 7

（2）写出该电路的驱动方程和状态方程；

（3）触发器的初态均为 0，画出在 CLK 和 X 作用下的 Q_1 和 Q_2 的波形。

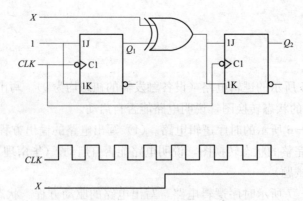

题图 6 - 8

课题二 基于触发器的同步时序逻辑电路的设计方法

内容提要

同步时序逻辑电路的设计是根据具体的逻辑问题要求，设计出符合这个逻辑功能要求的电路。

设计同步时序逻辑电路一般按如下步骤进行：

（1）逻辑抽象，得到电路原始状态转换图。分析给定的逻辑问题，确定输入变量、输出变量以及电路的状态数，并用字母 S 表示这些状态；定义输入、输出逻辑状态和电路每个状态的含义，并将电路状态顺序编号；画出符合题意的原始状态转换图。

（2）状态化简就是合并原始状态转换图中的等价状态。在原始状态转换图中，如果有两个或两个以上的电路状态在相同的输入条件下有相同的输出，并且向同一个状态去转换，则称这些状态为等价状态。

（3）状态编码是对状态转换图中每一个状态指定一个 n 位二进制代码。按照 $2^{n-1}<M\leqslant 2^n$ 确定 n 位二进制代码，其中 M 为电路的状态数；n 为二进制代码的位数。

（4）求电路中各触发器的方程（包括状态方程、驱动方程和输出方程）。

（5）检查电路能否自启动，画出逻辑电路图。

典型例题

【例 6－3】 试用 JK 触发器设计一个带进位输出的十三进制计数器。

解 （1）设计数器的进位输出信号为 Y，当有进位输出信号时 $Y=1$，无进位输出信号时 $Y=0$。十三进制计数器应有 13 个有效状态，分别用 S_0、S_1、$\cdots$、S_{12} 表示，按题意可画出如图 6－5 所示的原始状态转换图。

（2）因为十三进制计数器必须用 13 个不同的状态，所以状态转换图已不能再化简。

（3）由于十三进制计数器有 13 种状态，由公式 $2^{n-1}<M\leqslant 2^n$ 可知，$n=4$ 需选用 4 个触发器。取 $0000\sim 1100$ 作为 $S_0\sim S_{12}$ 的编码，电路的实际工作状态转换图如图 6－6 所示。

（4）电路的次态/输出卡诺图，如图 6－7 所示。为了清晰起见，可将图 6－7 所示的次态卡诺图分解为图 6－8 所示的 5 个卡诺图，分别表示 Q_3^*、Q_2^*、Q_1^*、Q_0^* 和 Y 的这五个逻辑函数。

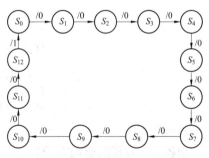

图 6－5 例 6－3 电路的状态转换图

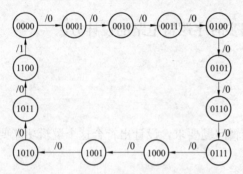

图 6-6 例 6-3 编码后的状态转换图

图 6-7 例 6-3 电路的次态卡诺图

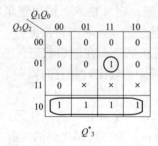

Q_3^*

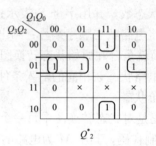

Q_2^*

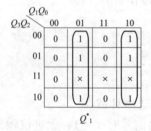

Q_1^*

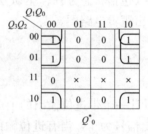

Q_0^*

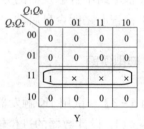

Y

图 6-8 例 6-3 次态/输出卡诺图的分解

电路的状态方程为

$$
\begin{cases}
Q_3^* = Q_3'Q_2Q_1Q_0 + Q_3Q_2' \\
Q_2^* = Q_2'Q_1Q_0 + Q_3'(Q_1Q_0)'Q_2 \\
Q_1^* = Q_1'Q_0 + Q_0'Q_1 \\
Q_0^* = (Q_3Q_2)'Q_0'
\end{cases}
$$

输出方程为 $\qquad Y = Q_2Q_3$

则各个触发器的驱动方程为

$$
\begin{cases}
J_3 = Q_2Q_1Q_0, & K_3 = Q_2 \\
J_2 = Q_1Q_0, & K_2 = (Q_3'(Q_1Q_0)')' \\
J_1 = Q_0, & K_1 = Q_0 \\
J_0 = (Q_2Q_3)', & K_0 = 1
\end{cases}
$$

（5）将 3 个无效状态 1101、1110 和 1111 分别代入状态方程中，所得到的次态为 0010、0010 和 0000，故电路能够自启动。同步十三进制计数器的逻辑图如图 6-9 所示。

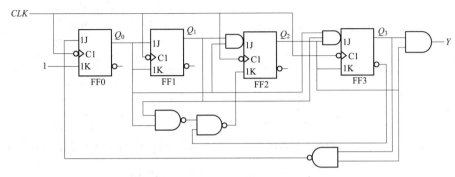

图 6-9 例 6-3 同步十三进制计数器

【解题指导与点评】 本题考查的知识点是穆尔型同步时序逻辑电路的设计。逻辑抽象是设计时序电路的关键一步，而状态方程的求解过程比较繁琐，它需要画出每一个触发器的次态卡诺图，进而求出各个触发器的状态方程。做题时应注意，对于 JK 触发器在求状态方程时，得到的不一定是最简形式，而是要求得到与 JK 触发器的特性方程类似的形式，这样便于写出 JK 触发器的驱动方程。

【例 6-4】 用 JK 触发器设计一个自动售邮票的逻辑电路。它的投币口每次只能投入一枚五角或一元的硬币。投入一元五角钱硬币后机器自动给出一张邮票；投入两元（两枚一元）硬币后，在给出邮票的同时找回一枚五角的硬币。

解 投币信号为输入变量，投入一枚一元硬币时 $X=1$，未投入时 $X=0$；投入一枚五角硬币时 $Y=1$，未投入时 $Y=0$。给出邮票和找钱为输出变量，给出邮票时 $M=1$，不给时 $M=0$；找钱时 $Z=1$，不找时 $Z=0$。

投币前电路的初始的状态为 S_0，投入五角硬币以后的状态为 S_1，投入一元硬币以后的状态为 S_2，再投入一枚五角硬币后电路返回 S_0，同时输出为 $M=1$、$Z=0$；如果投入的是一枚一元硬币，则电路也返回 S_0，同时输出为 $M=1$、$Z=1$。按题意可列出如表 6-3 所示的状态转换表，并画出如图 6-10 所示的原始状态转换图。

表 6-3 例 6-4 所示电路的状态转换表

S^*/MZ XY S	00	01	11	10
S_0	$S_0/00$	$S_1/00$	$\times/\times\times$	$S_2/00$
S_1	$S_1/00$	$S_2/00$	$\times/\times\times$	$S_0/10$
S_2	$S_2/00$	$S_0/10$	$\times/\times\times$	$S_0/11$

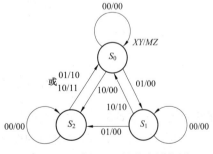

图 6-10 例 6-4 的状态转换图

由于 $M=3$，由公式 $2^{n-1}<M\leqslant 2^n$ 可知，$n=2$，取 00、01、10 分别表示 S_0、S_1、S_2，则得到如图 6-11 所示的电路实际工作状态转换图和如图 6-12 所示电路次态/输出的卡

诺图。

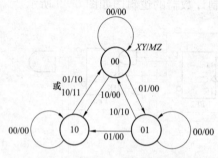

图 6-11　例 6-4 的状态转换图

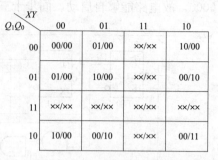

图 6-12　例 6-4 电路的次态/输出卡诺图

由图 6-12 可得到状态方程

$$\begin{cases} Q_1^* = Q_1(X+Y)' + Q_1'(YQ_0 + XQ_0') \\ Q_0^* = (X+Y)'Q_0 + YQ_1'Q_0' \end{cases}$$

驱动方程

$$\begin{cases} J_1 = YQ_0 + XQ_0' & K_1 = X+Y \\ J_0 = YQ_1' & K_0 = X+Y \end{cases}$$

输出方程

$$\begin{cases} M = YQ_1 + XQ_1 + YQ_0 \\ Z = XQ_1 \end{cases}$$

将无效状态 11 代入状态方程中，当 $XY=00$ 时，次态仍为 11 不能返回有效循环，所以不能自启动；当 $XY=01$ 或 $XY=10$ 时，电路虽然能返回有效循环中去，但是收费结果是错误的。因此，电路开始工作时，需要在触发器的异步置零端 R_D' 加入低电平将电路置为 00 状态。

根据驱动方程和输出方程画出如图 6-13 所示的电路图。

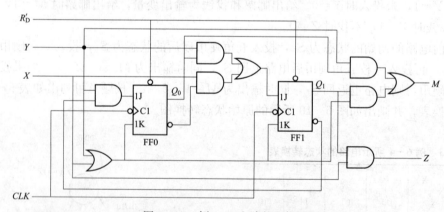

图 6-13　例 6-4 电路的逻辑图

　　【解题指导与点评】　本题考查的知识点是米利型同步时序逻辑电路的设计方法。米利型时序电路的设计比穆尔型时序电路的设计要复杂，既要考虑外部的输入变量，也要考虑电路的状态。因此，在做题时应注意：①在逻辑抽象时要仔细分析电路的状态，尽量避免出现等价状态；②在画次态/输出卡诺图时要考虑外部的输入变量。由于该题中只有一个无效的状态，在电路不能自启动的情况下，可采用触发器的异步清零功能，避免电路出现无效状态。

　　【例 6-5】　试用 JK 触发器设计七进制计数器，要求电路能够自启动。已知该计数器的状态转换图及编码如图 6-14 所示。

　　解　取 C 作为进位输出信号，$C=1$ 时有进位输出信号，$C=0$ 时无进位输出信号。由图 6-14所示的状态转换图，画出电路的次态/输出卡诺图，如图 6-15 所示。并将其分解为图 6-16 所示的 4 个卡诺图，则可得到该电路的状态方程和输出方程

$$\begin{cases} Q_0^* = Q_1'Q_2 + Q_1Q_2' \\ Q_1^* = Q_0Q_1' + Q_0Q_1 \qquad C = Q_0'Q_1Q_2 \\ Q_2^* = Q_1Q_2 + Q_1Q_2' \end{cases}$$

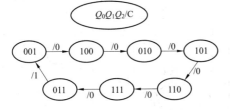

图 6-14　例 6-5 的状态转换图

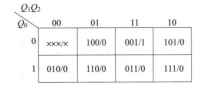

图 6-15　例 6-5 的次态/输出卡诺图

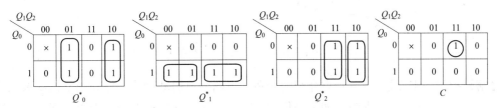

图 6-16　例 6-5 次态/输出卡诺图的分解

　　由上述可知，当电路的状态为 000 时，它的次态仍为 000，电路不能自启动。需要修改状态方程的化简方式，将无效的 000 的次态规定为有效循环状态中的状态，电路就能自启动。为使电路能够自启动，考虑到 JK 触发器的特性方程，则可将 Q_0^* 的卡诺图修改为图 6-17 所示的形式。修改后的状态方程为

$$\begin{cases} Q_0^* = Q_0'(Q_1'+Q_2') + Q_0(Q_1'Q_2 + Q_1Q_2') \\ Q_1^* = Q_0Q_1' + Q_0Q_1 \\ Q_2^* = Q_1Q_2 + Q_1Q_2' \end{cases}$$

由上式可知各触发器的驱动方程为

$$\begin{cases} J_0 = (Q_1'+Q_2') & K_0 = (Q_1'Q_2 + Q_1Q_2')' \\ J_1 = Q_0 & K_1 = Q_0' \\ J_2 = Q_1 & K_2 = Q_1' \end{cases}$$

　　将 000 代入状态方程和输出方程中，得到的次态为 100 和输出 $C=0$，故电路能够自启动。该电路的状态转换图如图 6-18 所示。由驱动方程和输出方程，则可画出如图 6-19 所示的电路逻辑图。

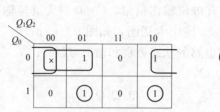
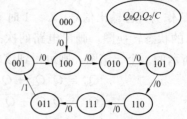

图 6-17　例 6-5 修改后的 Q_0^* 卡诺图　　图 6-18　例 6-5 电路的状态转换图

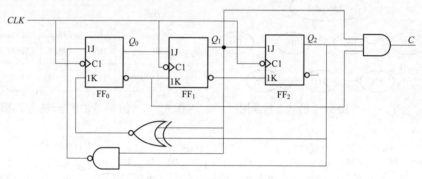

图 6-19　例 6-5 的逻辑图

【解题指导与点评】　本题着重介绍时序逻辑电路的自启动设计。在利用卡诺图求电路的状态方程时，合并 1 的过程中，如果把任意项"×"包括在矩形框中，则等于把"×"取作 1；如果把"×"画在矩形框外，则等于把"×"取做 0。这无形中为无效状态指定了次态。如果指定的次态属于有效循环中的状态，那么电路能够自启动 。反之，如果指定的次态不属于有效循环中的状态，那么电路将不能自启动。在后一种情况下，需要修改状态方程的化简方式，将无效的状态改为某个有效状态，重新设计。

　自测题

一、填空题

1. 若要构成 13 进制计数器，最少用＿＿＿＿个触发器，它有＿＿＿＿个无效状态。

2. 在设计 13 进制计数器时，在状态编码时需要编写＿＿＿＿位代码。

3. 等价状态是指＿＿＿＿＿＿＿＿＿＿＿＿＿＿＿＿＿。

4. 状态的化简是指合并状态转换图中的＿＿＿＿＿＿＿＿。

二、设计题

1. 用 JK 触发器及必要的门电路设计一个串行数据检测电路，当连续输入 3 个或 3 个以上 1 时，电路的输出为 1，其他情况下输出为 0，要求电路能自启动。（华南理工大学 2011 年攻读硕士学位研究生入学考试试题）

2. 设计一个同步 8421 码的十进制加法计数器，采用 JK 触发器和基本门电路实现，并检查电路能否自启动。（华南理工大学 2009 年攻读硕士学位研究生入学考试试题）

3. 用边沿 JK 触发器和最少的门电路设计一个同步可控 2 位二进制减法计数器。当控制

信号 $X=0$ 时，电路状态不变；当 $X=1$ 时，在时钟脉冲作用下减 1 计数。要求计数器有一个输出信号 Z，当产生借位时 Z 为 1，其他情况 Z 为 0。

习题精选

1. 已知某同步时序逻辑电路的时序图如题图 6-9 所示。

（1）列出电路的状态转换表，写出每个触发器的驱动方程和状态方程；

（2）试用上升沿触发的 D 触发器和与非门实现该时序逻辑电路，要求电路最简，并画出逻辑图。

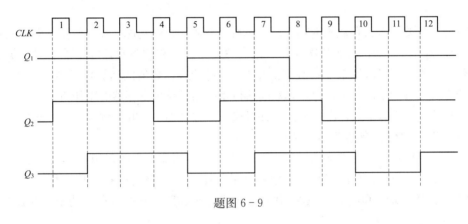

题图 6-9

2. 试用上升沿触发的 D 触发器设计一个同步时序电路，其状态转换图如题图 6-10 所示。要求写出状态转换表，写出各触发器的驱动方程和输出方程，并说明该电路的逻辑功能。

3. 某同步时序电路的状态转换表如题表 6-1 所示，其中 X 是外部输入。试用四选一数据选择器和 D 触发器实现其功能。（华南理工大学 2004 年攻读硕士学位研究生入学考试试题）

4. 试用 D 触发器和少量门电路设计一个调速控制电路，其状态输出作为速度控制，见表题 6-2。当外部输入 $K=1$ 时，每来一个时钟脉冲增加一挡，但到达最高挡就不再增加了，同时给出满挡指示，$Y=1$。如果 $K=0$，则每来一个时钟脉冲降低一挡，直到停止，同时给出标志 $Z=1$。（哈尔滨工业大学 2007 年攻读硕士学位研究生考试试题）

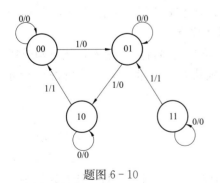

题图 6-10

题表 6-1

现态			次态	
Q_A	Q_B	X	Q_A	Q_B
0	0	0	1	0
0	0	1	1	1
0	1	$\times$	0	0
1	0	$\times$	0	0
1	1	$\times$	0	0

题表 6-2

状态输出		速度
Q_2	Q_1	
0	0	停止
0	1	1挡
1	0	2挡
1	1	3挡

5. 用三个 JK 触发器和门电路设计一个可变模值的同步计数器,当控制信号 $S=0$ 时,实现模 7 计数,当 $S=1$ 时,实现模 5 计数。进位输出为 C。写出分析过程,求出每个 JK 触发器的输入端驱动方程(即逻辑表达式),检查自启动,画出完整状态转换图,不用画逻辑电路图。(中国传媒大学 2001 年攻读硕士学位研究生考试试题)

课题三 移位寄存器的应用

 内容提要

移位寄存器除了有寄存数码的功能,还具有将数码移位的功能。在移位操作时,每来一个 CLK 脉冲,寄存器存放的数码依次向左或向右移动一位。移位寄存器除了能够对数据实现存储、移位功能外,还可以用来实现数据的串行-并行转换、数值的运算以及数据处理等功能。按移位的方式可分为单向移位寄存器和双向移位寄存器。移位寄存器的工作方式主要有:串行输入,并行输出;串行输入,串行输出;并行输入,并行输出;并行输入,串行输出。

1. 4 位双向移位寄存器 74LS194A

74LS194A 具有数据并行输入、保持、异步置零等功能,它的逻辑图形符号和功能表分别如图 6-20 和表 6-4 所示。D_{IR} 为数据右移串行输入端,D_{IL} 为数据左移串行输入端,$D_3 \sim D_0$ 为数据并行输入端,$Q_3 \sim Q_0$ 为数据并行输出端,S_1、S_0 为移位寄存器的工作状态控制端,R'_D 为异步清零端。

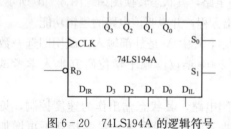

图 6-20 74LS194A 的逻辑符号

表 6-4 74LS194A 的功能表

R'_D	S_1	S_0	功能
0	×	×	异步置零
1	0	0	保持
1	0	1	数据右移
1	1	0	数据左移
1	1	1	并行输入

2. 移位寄存器的应用

(1) 环形计数器。将移位寄存器的最高位输出直接反馈到串行数据输入,使寄存器工作在右移状态,构成环形计数器。此种类型的电路中只有 4 个有效状态,其余 12 个状态均为无效状态。显然,N 位移位寄存器可以构成 N 进制环形计数器。

(2) 扭环形计数器。将移位寄存器的最高位取反后再反馈到串行数据输入,就可构成扭环形计数器。它有 8 个有效状态,其余 8 个状态均为无效状态。显然,N 位移位寄存器可以组成 $2N$ 进制的扭环形计数器。

 典型例题

【例 6-6】 分析如图 6-21 所示电路为多少进制计数器,要求画出电路的状态转换图。

解 当 $S_1 S_0 = 11$ 时,不论移位寄存器 74LS194A 的原状态如何,在 CLK 的作用下执行置

数操作使 $Q_0Q_1Q_2Q_3＝1000$。当 $S_1S_0＝01$ 时，在 CLK 的作用下移位寄存器进行右移操作。在第四个 CLK 到来时，$Q_0Q_1Q_2Q_3＝0001$，由于 $D_{IR}＝Q_3＝1$，故当下一个脉冲到来时，$Q_0Q_1Q_2Q_3＝1000$。可见该计数器共有 4 个状态，为四进制环形计数器，状态转换图如图 6－22 所示。

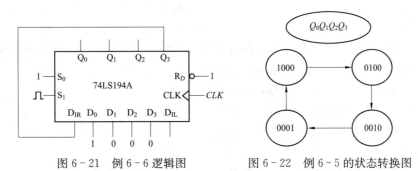

图 6－21 例 6－6 逻辑图 　　　 图 6－22 例 6－5 的状态转换图

【解题指导与点评】 本题考查的知识点是 74LS194A 的使用方法。要求掌握 74LS194A 的功能表，同时掌握环形计数器的设计方法，了解环形计数器的优缺点。

【例 6－7】 试分析图 6－23 所示电路为多少进制计数器，并画出电路有效的工作状态转换图。

解 当 $R'_D＝0$ 时，移位寄存器清零。在 R'_D 回到高电平以后，由于 $D_{IR}＝Q'_3＝1$，$S_1S_0＝01$，在 CLK 的作用下移位寄存器进行右移操作。当 $Q_0Q_1Q_2Q_3＝1111$ 时，$D_{IR}＝Q'_3＝0$，仍然进行右移操作；当 $Q_0Q_1Q_2Q_3＝0001$ 时，$D_{IR}＝Q'_3＝0$，再来一个 CLK 脉冲，电路回到 $Q_0Q_1Q_2Q_3＝0000$ 状态。可见该计数器共有 8 个状态，为四进制扭环形计数器，状态转换图如图 6－24 所示。

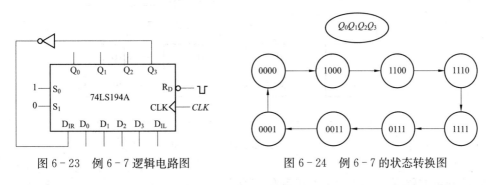

图 6－23 例 6－7 逻辑电路图 　　　 图 6－24 例 6－7 的状态转换图

【解题指导与点评】 本题考查的知识点是移位寄存器构成扭环形计数器的分析方法，要求掌握 74LS194A 的功能表。

自测题

一、选择题

1. 为了把串行输入的数据转换为并行输出的数据，可以使用（ 　　）。

A. 译码器   B. 移位寄存器

C. 计数器   D. 存储器

2. 4 位移位寄存器可以构成（   ）进制环形计数器；也可以构成（   ）进制扭环形计数器。

A. 4，8   B. 8，4

C. 2，4   D. 4，2

3. 有一个左移移位寄存器，当预先置入 $D_0 \sim D_3 = 1011$ 后，其串行输入固定接 0，在 4 个移位脉冲 CLK 作用下，四位数据移位过程是（   ）。

A. 1011 — 0110 — 1100 — 1000 — 0000

B. 1011 — 0101 — 0010 — 0001 — 0000

C. 1011 — 1100 — 1101 — 1110 — 1111

D. 1011 — 1010 — 1001 — 1000 — 0111

4. 四个触发器组成的环形计数器最多有（   ）个有效状态。

A. 4   B. 6

C. 8   D. 16

5. 三位 D 触发器组成的扭环形计数器最多有（   ）个有效状态。

A. 3   B. 6

C. 8   D. 9

二、分析题

1. 移位寄存器型计数器如题图 6-11 所示，若起始状态为 $Q_1 Q_2 Q_3 Q_4 = 0001$，请写出从 Q_4 输出一个周期的序列。

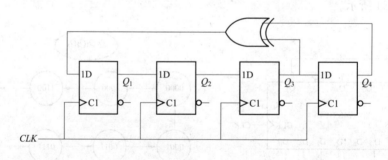

题图 6-11

2. 试分析如题图 6-12 所示的由移位寄存器组成的分频器，列出电路的工作状态转换表。

习题精选

1. 电路如题图 6-13 所示，要求（1）列出电路的状态转换表（设初态为 0000）；（2）写出 F 的输出序列。

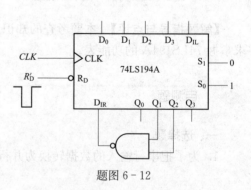

题图 6-12

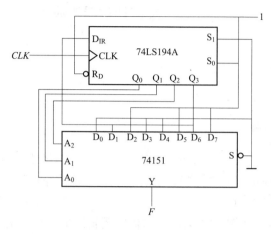

题图 6 - 13

2. 用移位寄存器 74LS194A 和门电路组成的电路如题图 6 - 14 所示。设 74LS194A 的初始状态 $Q_3Q_2Q_1Q_0 = 0001$，试画出各输出端 Q_3、Q_2、Q_1、Q_0 和 L 的波形。

3. 由移位寄存器 74LS194A 以及 3 线-8 线译码器 74HC138 构成的双序列码产生器如题图 6 - 15 所示，试写出 Y_1 和 Y_0 的序列码。

4. 用移位寄存器设计一个序列发生器，要求输出为 10100 序列。（采用 D 触发器）（中国传媒大学 2006 年攻读硕士学位研究生考试试题）

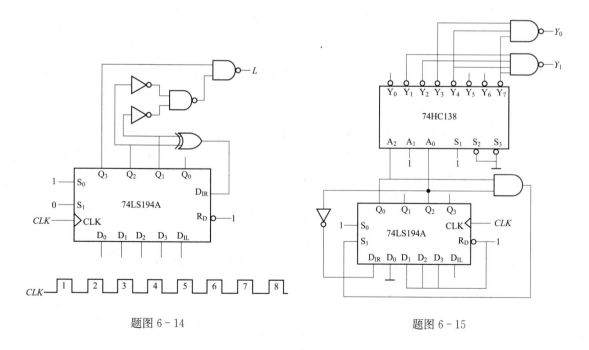

题图 6 - 14

题图 6 - 15

课题四 集成计数器的应用

内容提要

一、常用的集成计数器

计数器的功能是记录输入时钟脉冲的个数。它是数字系统中使用最多的基本逻辑部件。计数器除了计数之外，还可以实现分频、定时、产生节拍脉冲和脉冲序列信号等。

1. 同步集成计数器 74161

74161 是同步二进制可预置加法集成计数器，逻辑图形符号如图 6-25 所示。

LD′为同步预置数控制端，$D_3 \sim D_0$ 为数据输入端，CLK 为计数脉冲输入端，EP、ET 为工作状态控制端，R_D' 为异步置零端，$Q_3 \sim Q_0$ 为数据输出端，C 为进位信号输出端，进位输出方程为 $C = Q_3 Q_2 Q_1 Q_0$，74161 的功能表如表 6-5 所示。

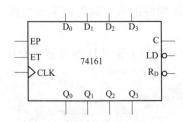

图 6-25 74161 的逻辑图

表 6-5 74161 的功能表

CLK	R_D'	LD′	EP	ET	工作状态
×	0	×	×	×	异步置零
↑	1	0	×	×	同步置数
×	1	1	0	1	保持（包含 C）
×	1	1	×	0	保持（但 C=0）
↑	1	1	1	1	计数

与 74161 逻辑功能相似的还有同步十进制加法计数器 74160，它与 74161 不同的是它的进位输出方程为 $C = Q_3 Q_0$。

2. 同步可逆计数器 74LS191

74LS191 是集成同步二进制加/减计数器，其逻辑图形符号如图 6-26 所示。图中 LD′为异步预置数控制端，S′是工作状态控制端，$D_3 \sim D_0$ 是数据输入端，$Q_3 \sim Q_0$ 为数据输出端，C/B 为进位/借位信号输出端，U′/D 是加/减计数控制端，CLK_O 是串行时钟输出端，74LS191 的功能表如表 6-6 所示。

与 74LS191 相似的还有同步十进制加/减法计数器 74LS190。

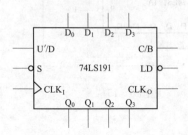

图 6-26 74LS191 的逻辑图

表 6-6 74LS191 的功能表

CLK_I	S′	LD′	U′/D	工作状态
×	1	1	×	保持
×	×	0	×	异步置数
↑	0	1	0	加法计数
↑	0	1	1	减法计数

3. 异步集成计数器 74LS290

74LS290 是异步二－五－十进制加法计数器，它的逻辑图形符号如图 6－27 所示，功能表如表 6－7 所示。二进制计数器的时钟脉冲输入端为 CLK_0，输出端为 Q_0；五进制计数器的时钟脉冲输入端为 CLK_1，输出端为 Q_1、Q_2、Q_3。如果将 Q_0 与 CLK_1 相连，CLK_0 作为时钟脉冲输入端，$Q_0 \sim Q_3$ 作为输出端，则为 8421BCD 码十进制计数器。

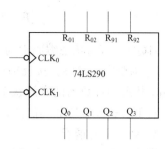

图 6－27 74LS290 的逻辑图

表 6－7 74LS290 的功能表

CLK_0	CLK_1	$S_{91} \cdot S_{92}$	$R_{01} \cdot R_{02}$	Q_3^*	Q_2^*	Q_1^*	Q_0^*	工作状态
$\times$	$\times$	0	1	0	0	0	0	异步置零
$\times$	$\times$	1	0	1	0	0	1	异步置九
$\downarrow$	$\times$	0	0	二进制计数器				从 Q_0 输出
0	$\downarrow$	0	0	五进制计数器				从 $Q_3 Q_2 Q_1$ 输出
$\downarrow$	Q_0	0	0	十进制计数器				从 $Q_3 Q_2 Q_1 Q_0$ 输出

二、任意进制计数器的构成方法

用现有的集成 N 进制计数器构成 M 进制计数器时，如果 $M<N$，则只需一片集成 N 进制计数器；如果 $M>N$，则要用多片集成 N 进制计数器。

1. $M<N$ 的情况

（1）反馈清零法。

反馈清零法适用于具有置零功能的计数器，有同步清零和异步清零之分。对于具有异步清零功能的计数器，用反馈清零法设计 M 进制计数器的具体步骤：

① 确定计数器的初态为 $S_0 = 0000$，末态为 S_{M-1}。

② 确定产生清零信号的译码状态为 S_M，并写出该状态的编码，求出反馈逻辑

$$F = \begin{cases} \Pi Q^1 & \text{清零端为高电平有效} \\ (\Pi Q^1)' & \text{清零端为低电平有效} \end{cases}$$

ΠQ^1——是指 S_M 状态编码中为 1 的各 Q 相"与"。

③ 画逻辑电路图。按反馈逻辑画出电路图，注意计数器的各控制端接到规定的电平。由于 S_M 状态为暂稳态，故不将其作为计数器的有效状态，在状态转换表、状态图和波形图中可以不画出。

对于具有同步清零功能的计数器而言，应在 S_{M-1} 状态译出同步清零信号。

（2）反馈置数法。

反馈置数法适用于具有预置数功能的集成计数器，也有同步置数和异步置数之分，反馈置数法可以在计数顺序的任意状态（S_i）开始。对于具有同步置数功能的计数器而言，用反馈置数法设计 M 进制计数器的具体步骤：

① 确定计数器的初态为 S_i，末态为 S_{i+M-1}。

② 确定产生置数信号的译码状态为 S_{i+M-1}，并写出该状态的编码，求出反馈逻辑

$$F=\begin{cases} \prod Q^1 & \text{置数端为高电平有效} \\ (\prod Q^1)' & \text{置数端为低电平有效} \end{cases}$$

$\prod Q^1$——S_M状态编码中为 1 的各 Q 相"与"。

③ 画逻辑电路图。按反馈逻辑画出电路图，注意将计数器的各控制端接到规定的电平。S_{i+M-1} 状态为计数器的有效状态。

对于具有异步置数功能的计数器而言，异步置数信号应在 S_{i+M} 状态下产生。

2. $M>N$ 的情况

当 $M>N$ 时，必须用多片计数器级联起来，才能实现 M 进制计数器。各片之间的级联方式可分为串行进位方式和并行进位方式。在串行进位方式中，以低位片的进位信号作为高位片的时钟输入信号（即异步计数方式），两片始终处于计数状态。在并行进位方式中，以低位片的进位输出信号作为高位片的工作状态控制信号，两片的计数脉冲接在同一计数输入脉冲信号上（即同步计数方式）。

① 若 M 可以分解 $M=N_1\times N_2\times\cdots\times N_n$，其中 N_1、N_2、N_3、$\cdots$、N_n 均小于 N，首先用单片计数器分别设计成 N_1 进制、N_2 进制、$\cdots\cdots$、N_n 进制的计数器，然后再采用串行进位或并行进位方式将所设计的计数器连接起来，构成 M 进制计数器。

② 若 M 为质数时，则要采用整体清零方式或整体置数方式构成。首先将多片 N 进制计数器按串行进位方式或并行进位方式级联成 $N\times N\times\cdots\times N>M$ 进制计数器，再按照 $M<(N\times N\times\cdots\times N)$ 的反馈清零法和反馈置数法构成 M 进制计数器。此方法也同样适合任何 M（可分解）进制计数器的构成。

三、计数器的其他应用

① 顺序脉冲发生器是用来产生一组在时间上有一定先后顺序脉冲信号的电路。顺序脉冲发生器可以用移位寄存器构成，也可以用计数器和中规模的译码器构成。

② 序列信号发生器是在时钟脉冲作用下产生的一组特定的串行数字信号。序列信号发生器的构成方法有多种。可以由计数器和数据选择器构成，也可以由带反馈逻辑电路的移位寄存器构成。

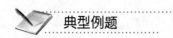 **典型例题**

【例 6 - 8】 试用 74161 和必要的门电路设计一个同步七进制计数器，要求用两种方法进行设计。

解 （1）反馈清零法，由于 74161 具异步清零功能（低电平有效），所以计数器的初态为 $S_0=0000$，由于 $M=7$，末态为 S_6；译码状态为 S_7（0111），反馈逻辑 $F=(Q_2Q_1Q_0)'$；逻辑电路图如图 6 - 28 所示。

（2）反馈置数法，74161 具有同步置数功能（低电平有效），如果计数器的初态为 $S_1=0001$，由于 $M=7$，则末态为 S_7；译码状态为 S_7（0111），反馈逻辑 $F=(Q_2Q_1Q_0)'$；逻辑电路图如图 6 - 29 所示。

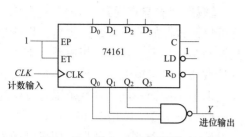

图 6-28 例 6-8 的逻辑图 (1)

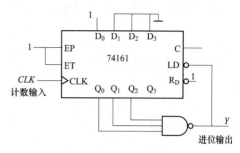

图 6-29 例 6-8 的逻辑图 (2)

【解题指导与点评】 本题考查的知识点是计数器的反馈清零法和反馈置数法的应用。掌握计数器的初态和末态,确定计数器的译码状态和反馈逻辑。在反馈置数法中注意根据计数器的初态确定 74161 的 $D_3D_2D_1D_0$ 所接的数据。

【例 6-9】 试分析图 6-30 所示的计数器电路,说明是多少进制的计数器,并画出该电路的状态转换图。

解 由图 6-30 可以看出,该电路采用反馈置数法,由图 6-30 中 $D_3D_2D_1D_0$ 所接的数据可知计数器的初态为 $S_i=0111(i=3)$;由 $Q_3Q_2Q_1Q_0$ 的连接可知,计数器的末态 $S_{i+M-1}=1010(i+M-1=10)$,则 $M=8$,故计数器为八进制计数器。电路的状态转换图如图 6-31 所示。

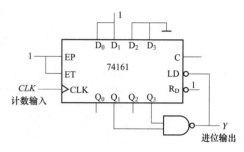

图 6-30 例 6-9 的电路图

【解题指导与点评】 本题考查的知识点是计数器的反馈置数法的应用,确定计数器的初态和末态。注意根据 74161 的 $D_3D_2D_1D_0$ 所接的数据确定计数器的初态。在画状态转换图时,需注意有效状态之外的状态,应根据电路的连接形式确定相应的次态和输出。

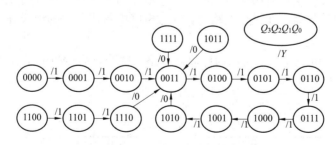

图 6-31 例 6-10 电路状态转换图

【例 6-10】 分析图 6-32 所示的计数器电路,说明是多少进制的计数器。

解 由图 6-32 可以看出,该电路采用反馈置数法,由图 6-32 中 $D_3D_2D_1D_0$ 所接的数据可知计数器的初态为 $S_3=0111$,$i=3$;由 $Q_3Q_2Q_1Q_0$ 的连接可知计数器的末态为可变状态,当 $A=0$ 时,末态为 $S_{12}=1100$,$i+M-1=12$,则 $M=10$;当 $A=1$ 时,末态为 $S_9=1001$,$i+M-1=9$,则 $M=7$。因此,该电路为可控的计数器,当 $A=0$ 时,为十进制计数器；当 $A=1$ 时，为七进制计数器。

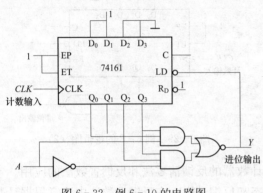

图 6-32 例 6-10 的电路图

【解题指导与点评】 本题考查的知识点为可控计数器的分析方法。由电路图确定计数器的初态和末态，再分析电路为多少进制的计数器。注意该电路中计数器的末态根据 A 的取值不同而不同，计数范围是可变的。

【例 6-11】 试用 74160 和必要的门电路设计一个三十进制计数器，要求计数器能显示 1~30。

解 由题意可知，该电路需要两片 74160，必须采用整体置数的方法进行设计，而且对于具有同步置数功能的 74160 来说，两片之间必须采用并行进位的方式。计数器的初态为 $S_1=0000\ 0001$，末态为 S_{30}；译码状态为 S_{30}（0011 0000），逻辑电路如图 6-33 所示。

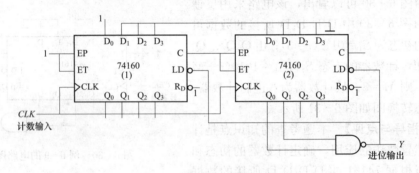

图 6-33 例 6-11 的电路图

【解题指导与点评】 本题考查的知识点为计数器的并行进位级联方式和整体置数法的应用。因为 74160 具有同步置数功能，故两片计数器之间采用并行进位的方式，再按照反馈置数法构成三十进制计数器。在设计电路时，注意电路中集成芯片的级联方式和电路的初态和末态。

【例 6-12】 分析图 6-34 所示的计数器电路，说明是多少进制的计数器，并分析两片 74160 之间是几进制。

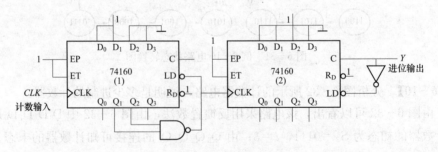

图 6-34 例 6-12 的电路图

解 由图 6-34 可以看出，该电路采用串行进位的方式，第 1 片 74160 构成四进制计数器（3~6），第 2 片 74160 构成六进制计数器（4~9），故该电路为 $4 \times 6 = 24$ 进制计数器。两片 74160 之间为四进制。

【解题指导与点评】 本题考查的知识点为计数器的串行进位级联方式和反馈置数法的应用。由电路图可知单片计数器按照反馈置数法分别构成四进制、六进制计数器，然后两片计数器之间采用串行进位的方式进行级联，构成了二十四进制计数器。在分析电路时，注意电路中集成芯片之间的进位关系和计数器的初态和末态。

【例 6-13】 分析图 6-35 所示电路，试说明该电路的逻辑功能。

解 该电路由 74161 和 8 选 1 数据选择器 74LS152 构成。在 CLK 的信号连续作用下，计数器 74161 输出端的状态 $Q_2 Q_1 Q_0$ 在 000~111 之间循环变化，使得 74LS152 的地址输入端 $A_2 A_1 A_0$ 在 000~111 之间循环变化，在数据选择器输出端 Y' 输出不断循环的序列信号 11101000。因此，该电路为序列信号发生器。

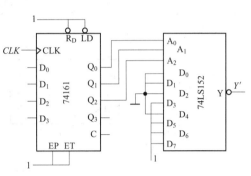

图 6-35 例 6-13 的电路图

【解题指导与点评】 本题考查的知识点为计数器和数据选择器的综合应用。在分析电路时，注意电路中集成芯片的使用方法，需要修改序列信号时，只需修改 D_0~D_7 的高、低电平即可。

自测题

1. 74161 组成的电路如题图 6-16 所示，分析电路，并回答下列问题。

（1）画出电路的状态转换图（$Q_3 Q_2 Q_1 Q_0$）。

（2）说出该电路为多少进制计数器。

2. 分析题图 6-17 所示的计数器电路，说明是多少进制的计数器，并画出该电路的状态转换图。

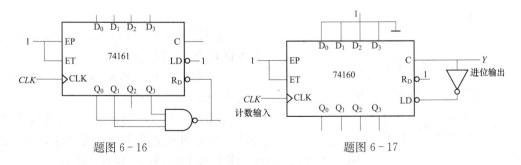

题图 6-16   题图 6-17

3. 分析题图 6-18 所示的计数器电路，说明是多少进制的计数器。

4. 试分析题图 6-19 所示电路，说明这是多少进制的计数器，两片 74161 之间是多少进制。

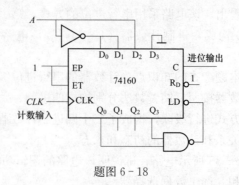

题图 6-18

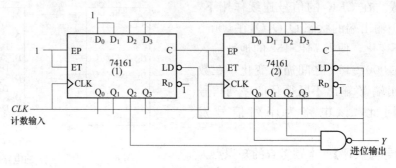

题图 6-19

5. 试分析题图 6-20 所示电路，说明这是多少进制的计数器，两片 74160 之间是多少进制。

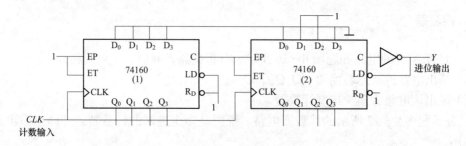

题图 6-20

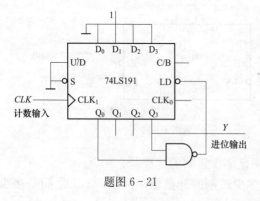

题图 6-21

6. 试分析题图 6-21 所示的电路，说明这是多少进制的计数器。

7. 分析题图 6-22 所示的各计数器电路，说明是多少进制的计数器。

8. 用集成 4 位二进制计数 74161 和必要的门电路，采用两种方法实现十进制计数器，要求画出接线图和电路的全状态转换图。

9. 利用 74161 和必要的门电路，设计一个可控进制计数器，当输入控制变量 $X=0$ 时为六进制计数器，$X=1$ 时为十一进制计数器，要求标出计数输入端和进位输出端。

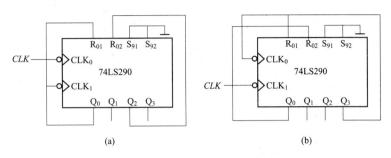

题图 6-22

10. 试用两片同步十进制计数器 74160 和必要的门电路设计一个同步二十四进制计数器，要求计数器能够显示 00～23。

 习题精选

1. 分析题图 6-23 所示电路，试问当 M 和 N 为各种不同输入时，电路分别是哪几种不同进制的计数器。

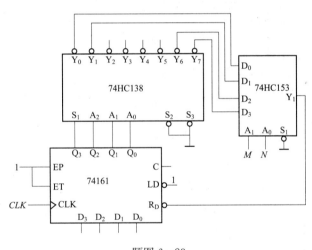

题图 6-23

2. 试分析题图 6-24 所示多功能计数器电路，在 A_1A_0 的控制下，电路分别是哪几种不同进制的计数器。（哈尔滨工业大学 2007 年攻读硕士学位研究生考试试题）

3. 试用 4 位同步二进制计数器 74161 接成十二进制计数器，写出设计过程。可以附加必要的门电路。（华南理工大学 2005 年攻读硕士学位研究生入学考试试题）

4. 试用集成计数器 74161 和 8 选 1 数据选择器设计一个 10110100 序列信号发生器。

5. 试分析题图 6-25 所示时序逻辑电路，分别求出 P_2、P_1、P_0 及 F 的表达式，画出在 CLK 作用下 Q_2、Q_1、Q_0、P_2、P_1、P_0 的波形图。设控制参数 $B_2B_1B_0=101$，画出 F 的输出波形。（哈尔滨工业大学 2008 年攻读硕士学位研究生入学考试试题）

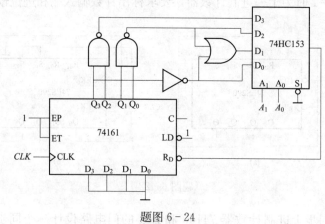

题图 6 - 24

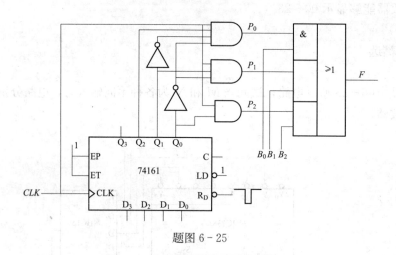

题图 6 - 25

6. 两片 4 位同步二进制计数器 74161 接成如题图 6 - 26 所示的电路。试：

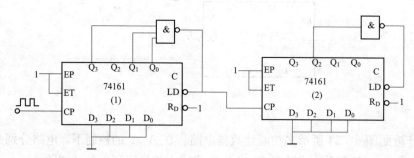

题图 6 - 26

（1）画出芯片 1 和芯片 2 的状态转换图。

（2）分析该电路是多少进制的计数器？（华南理工大学 2004 年攻读硕士学位研究生入学考试试题）

7. 设计一个灯光控制逻辑电路。要求红、绿、黄三种颜色的灯在时钟信号作用下按题表 6 - 3 规定的顺序转换状态。表中的"1"表示灯"亮"，"0"表示灯"灭"。试采用一片 4 位二进制加法计数器 74X163 和两片双 4 选 1 数据选择器 74LS153 中规模集成电路芯片和必要的门电路实现，要求电路能自启动。（电子科技大学 2011 年攻读硕士学位研究生入学考试试题）

题表 6-3

CLK 顺序	红黄绿
0	000
1	100
2	010
3	001
4	111
5	001
6	010
7	100

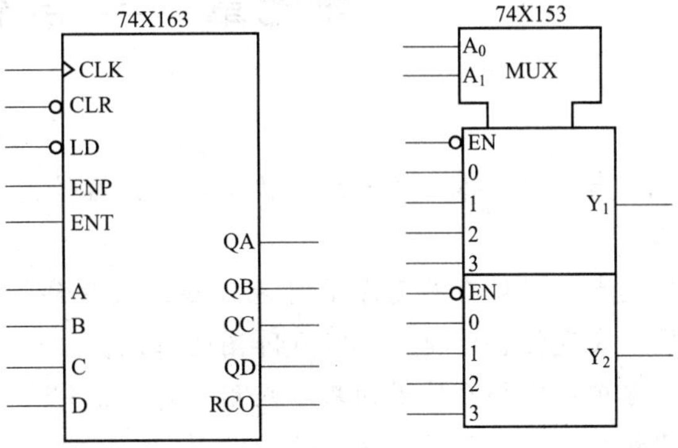

题图 6-27

8. 分析题图 6-28（a）中 $M=0$ 和图 6-28（b）中所示计数器电路，说明各是多少进制计数器，列出计数器所用到的状态。（北京邮电大学 2010 年攻读硕士学位研究生入学考试试题）

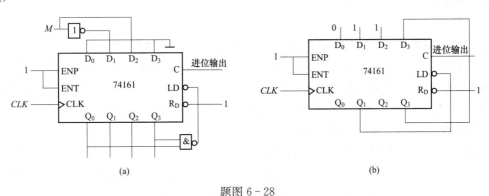

（a）   （b）

题图 6-28

9. 试用 74161（4 位二进制模 16 计数器）和基本逻辑门设计一个模 5 计数器，进位输出信号为 Cout，要求 $Q_3Q_2Q_1Q_0$ 按照 0101，0110，0111，1000，1001 的顺序进行模 5 循环计数。画出电路图，并标注清楚所有外部连线。（中国传媒大学 2004 年攻读硕士学位研究生入学考试试题）

10. 试用 74161（4 位二进制模 16 计数器）及若干门电路设计一个 3/6/9/12 变模计数器，M 与 N 为控制输入，其功能为：$MN=00$ 时，作模 3 计数；$MN=01$ 时，作模 6 计数；$MN=10$ 时，作模 9 计数；$MN=11$ 时，作模 12 计数。（中国传媒大学 2000 年攻读硕士学位研究生入学考试试题）

第七章 半导体存储器

重点：半导体存储器的结构与应用；存储器容量的扩展方法；用存储器实现组合逻辑电路。

难点：扩展存储器容量时地址线、数据线、读/写控制线以及片选线的连接方法；用存储器实现组合逻辑电路时点阵图的画法。

要求：掌握存储器的基本应用、存储器容量的字扩展法和位扩展法、用 ROM 和 RAM 实现组合逻辑电路的方法。

课题一 存储器容量的扩展方法

内容提要

存储器容量的扩展方法包括位扩展法和字扩展法。解题步骤如下：

位扩展法：一片存储器芯片的字数够用而每个字的位数不够用时，可以用位扩展法将多片存储器组合成位数更多的存储器。连接的方法是将各片的地址线、读/写控制线（R/W′）和片选线（CS′或 CE′）分别并联起来。如果每一片存储器的数据是 m 位，按上述方法把 n 片存储器组合起来后，总的数据是 $m \times n$ 位。

字扩展法：一片存储器芯片的位数够用而字数不够用时，可以用字扩展法将多片存储器组合成字数更多的存储器。连接的方法是将各片的地址线、读/写控制线（R/W′）和数据线分别并联起来，然后利用外加译码器控制存储器芯片的片选信号来实现。

如果一片存储器的字数和位数都不够用时，则需要同时采用位扩展法和字扩展法将多片存储器连接成一个有更多字数和位数的存储器。

典型例题

【例 7-1】 有一容量为 32K×8 位的 RAM，则该 RAM 有多少个基本存储单元？多少根数据引线？多少根地址引线？

解 该 RAM 有 $32 \times 1024 \times 8 = 262144$ 个基本存储单元，8 根数据线，15 根地址线。

【解题指导与点评】 本题考查的知识点是存储器容量的表示方法。在实际应用中一般以字数和位数的乘积表示存储器的容量，一个存储单元存储一位数据。本题中的存储器字数为 32K，即 32×1024；位数为 8，位数即数据线的根数。字数与地址线根数的关系为：若字数为 N，地址线根数为 n，则 N 与 n 满足关系式 $N = 2^n$。

【例 7-2】 试用 2114 设计一个 1K×8 位的存储器系统，画出逻辑图。已知 2114 是具有片选端 CS′、读写控制 R/W′，容量为 1K×4 位的 RAM。

解 逻辑图如图 7 - 1 所示。

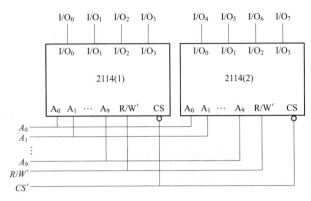

图 7 - 1 例 7 - 2 逻辑图

【解题指导与点评】 本题中已有的存储器为 1K×4 位，要设计的存储器为 1K×8 位，它们的字数相同而位数不同，适合用位扩展法。位扩展时，将各片的地址线、读/写控制线（R/W′）和片选线（CS′）分别并联起来即可。

【例 7 - 3】 试用 2114 设计一个 4K×4 位的存储器系统，画出逻辑图。已知 2114 是具有片选端 CS′、读写控制 R/W′，容量为 1K×4 位的 RAM。

解 逻辑图如图 7 - 2 所示。

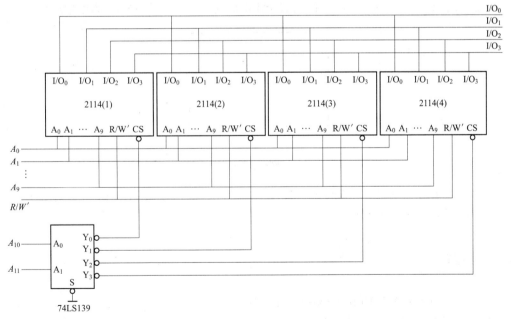

图 7 - 2 例 7 - 3 逻辑图

【解题指导与点评】 本题中已有的存储器为 1K×4 位，要设计的存储器为 4K×4 位，它们的位数相同而字数不同，适合用字扩展法。字扩展时，将各片的地址线、读/写控制线（R/W′）和数据线分别并联起来，然后利用外加译码器控制存储器芯片的片选信号即可。本题中需要扩展两根地址线，故译码器选用 2 - 4 译码器 74LS139。该译码器输出低电平有效，且存储器 2114 的片选端的 CS′ 也是低电平有效，二者有效电平一致，直接相连即可。

自测题

一、选择题

1. 微机中的内存条属于（　　　）。

A. EPROM　　　　　B. E²PROM　　　　　C. SRAM　　　　　D. DRAM

2. 下列说法正确的是（　　　）。

A. 闪存能读能写，所以它属于随机存取存储器

B. 半导体存储器属于大规模集成电路

C. SRAM 需要定时刷新

D. 一般情况下，SRAM 要比 DRAM 的集成度高

二、填空题

1. 半导体存储器按存取功能的不同分为_____和_____两大类。

2. 一个存储容量为 512×4 位的 ROM，其地址应为_____位，数据应为_____位。

3. 若要构成 $8K \times 8$ 位的存储器，至少需要_____片 2114，已知 2114 为 $1K \times 4$ 位的存储器。

三、设计题

1. 试用题图 7 - 1 所示的 8×4 位的 RAM 扩展为 32×4 位 RAM，画出逻辑图。

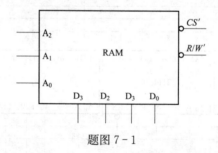

题图 7 - 1

2. 试用具有片选端 CS′、读写控制 R/W′、容量为 $4K \times 4$ 位的 SRAM，设计一个 $8K \times 8$ 位的存储器系统，画出逻辑图。

习题精选

1. 有一容量为 $64K \times 16$ 位的 RAM，试问：

（1）该 RAM 有多少个基本存储单元？

（2）该 RAM 有多少根数据引线？

（3）该 RAM 有多少根地址引线？

2. 试用 2114 设计一个 $4K \times 8$ 位的存储器系统，画出逻辑图。已知 2114 是具有片选端 CS′、读写控制 R/W′，容量为 $1K \times 4$ 位的 RAM。

3. 若用容量为 256×4 的 RAM 构成 1024×8 的 RAM，求需用几片 256×4 的 RAM 以及所需地址输入端总数。（2004 年华南理工大学攻读硕士学位研究生入学试题）

4. 半导体存储器的容量为 2K×8 位，则对应的地址线有多少条？（2010 年北京邮电大学攻读硕士学位研究生入学试题）

5. 若用 EPROM2732（2^{12}×8）构成 32K×16 位 EPROM，需用多少片？（2000 年中国传媒大学攻读硕士学位研究生入学试题）

6. EPROM2716，其地址线为 A_{10}～A_0，数据线为 D_7～D_0，问其存储容量为多少 kbit？（2004 年中国传媒大学攻读硕士学位研究生入学试题）

7. RAM 基本结构包含几部分？（2009 年中国传媒大学攻读硕士学位研究生入学试题）

8. 存储容量为 1024×8 位 RAM，其地址线和数据线各有多少条？（2010 年中国传媒大学攻读硕士学位研究生入学试题）

课题二 用存储器实现组合逻辑电路

 内容提要

存储器的基本功能是存储程序和数据，根据存储器的结构特点，把地址看作输入变量，存储内容看作输出函数时，存储器也是一种组合逻辑电路，用来实现各种组合逻辑函数，特别是多输入、多输出的逻辑函数。用存储器实现组合逻辑函数时，一般按以下步骤进行：

① 列出函数的真值表。

② 选择存储器芯片。芯片的地址输入端应等于或大于组合逻辑函数的输入变量数，芯片的数据输出端应等于或大于输出函数的数目。

③ 若一片存储器芯片的地址线或数据线数目不够用时，可采用字扩展或位扩展的方法将多片存储器连接成一个符合要求的存储器。

④ 将组合逻辑函数的输入变量接至地址输入端，数据输出端作为函数输出端，按照真值表把数据写入存储器中。

在表示存储器中的存储内容时，为简化作图，实际中经常使用点阵图的形式。画点阵图的方法是：需要存储 1 时，在相应的字线和位线交叉处画上小圆点，需要存储 0 时，不画小圆点。

 典型例题

【例 7-4】 试用 ROM 实现下列多输出逻辑函数，画出逻辑图和点阵图。

$$\begin{cases} Y_3 = A'BD + A'B'C + BC'D \\ Y_2 = AC'D + B'C'D + AB'CD \\ Y_1 = A'BC' + AB'C'D' \\ Y_0 = A'BC + C'D \end{cases}$$

解 列出上式的真值表，见表 7-1。

表 7 - 1　　　　　　　　　　　　**例 7 - 4 的真值表**

A	B	C	D	Y_3	Y_2	Y_1	Y_0
0	0	0	0	0	0	0	0
0	0	0	1	0	1	0	1
0	0	1	0	1	0	0	0
0	0	1	1	1	0	0	0
0	1	0	0	0	0	1	0
0	1	0	1	0	0	1	1
0	1	1	0	0	0	0	0
0	1	1	1	1	0	0	0
1	0	0	0	0	0	0	0
1	0	0	1	0	1	0	0
1	0	1	0	0	0	0	0
1	0	1	1	0	0	0	0
1	1	0	0	0	0	0	0
1	1	0	1	1	1	0	1
1	1	1	0	0	0	0	0
1	1	1	1	0	0	0	0

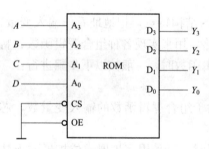

图 7 - 3　例 7 - 4 逻辑电路

由真值表可知，实现该组函数的 ROM 需有 4 位地址输入和 4 位数据输出，将 A、B、C、D 4 个输入变量分别接至地址输入端 $A_3A_2A_1A_0$，按表 7 - 1 中的函数值存入相应的数据，即可在数据输出端 $D_3D_2D_1D_0$ 得到 Y_3、Y_2、Y_1、Y_0，逻辑电路图如图 7 - 3 所示。图中的 CS 为 ROM 的片选信号，OE 为 ROM 的输出使能信号，两信号都是低电平有效，故在图中均接地。

根据存储数据表，在需要存储 1 的字线和位线交叉处画上小圆点，需要存储 0 的不画小圆点，据此得到的点阵图如图 7 - 4 所示。

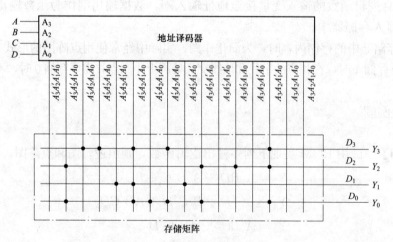

图 7 - 4　例 7 - 4 点阵图

【解题指导与点评】 本题考查的是如何用存储器实现组合逻辑电路。把存储器地址看作输入变量，存储内容看作输出函数时，存储器本身也是一种组合逻辑电路。由于存储器地址输入端和数据输出端一般都有多个，因此用存储器实现多输入、多输出的组合逻辑函数尤为方便。解题的关键步骤是正确列出逻辑函数的真值表。画逻辑电路时，注意输入变量和地址端、数据输出端和函数的对应关系。由于字线是由输入变量构成的所有最小项，画点阵图时，只需根据真值表在相应位置画上小圆点。本题中用的是 ROM，RAM 也可实现组合逻辑函数，方法和 ROM 类似。

 自测题

1. 已知 PROM 的点阵图如题图 7-2 所示，试写出 3 个输出函数的表达式。

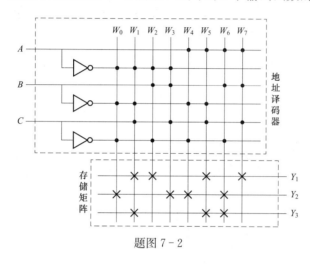

题图 7-2

2. 用 ROM 实现四位二进制自然码与格雷码的相互转换电路，要求当控制位 $C=0$ 时实现格雷码到二进制自然码的转换，$C=1$ 时实现二进制自然码到格雷码的转换。列出 ROM 中的存储的内容，画出逻辑电路图。

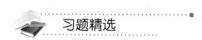 习题精选

1. 使用 SRAM 设计一个组合逻辑电路，实现如下逻辑函数，画出逻辑电路图和点阵图。

$$\begin{cases} Y_1 = ABC + A'B'C' + BC'D \\ Y_2 = ACD' + AB'CD + ABD' \\ Y_3 = A'C'D' + B'C'D \\ Y_4 = A'BD + B'C \end{cases}$$

2. 用两片 1024×8 位的 EPROM 实现一个数码转换器，将 10 位二进制数转换成等值的 4 位二-十进制数，画出电路连线图，标明输入和输出，并说明当地址输入 $A_9 \sim A_0$ 分别为 0001100101 和 1001001110 时，两片 EPROM 中对应的数据的值。

3. 使用 16×4 的 ROM 设计一个将两个 2 位二进制数相乘的乘法器电路，列出 ROM 应有的数据表，画出储存点阵图。（2009 年华南理工大学攻读硕士学位研究生入学试题）

4. 用两片 1024×8 的 PROM 接成一个数码转换器，将 10 位的二进制数转换成等值的 4 位二-十进制数。（2009 年华南理工大学攻读硕士学位研究生入学试题）

（1）画出电路接线图，标明输入和输出。

（2）当地址输入 $A_9 A_8 A_7 A_6 A_5 A_4 A_3 A_2 A_1 A_0$ 分别为 0000000000、1000000000、1111111111 时，两片 EPOM 中对应地址中的数据各为何值？

5. 使用 ROM 设计一个组合逻辑电路，用来产生下列一组逻辑函数，列出 ROM 应有的数据表，画出储存点阵图。（2011 年华南理工大学攻读硕士学位研究生入学试题）

$$\begin{cases} Y_1 = A'D' \\ Y_2 = AB'CD' + BC'D \\ Y_3 = ABD' + A'CD + AB'C'D' \\ Y_4 = A'B'CD' + AB'CD \end{cases}$$

第八章 可编程逻辑器件

> **重点：**可编程逻辑器件的分类；常用可编程逻辑器件的结构特点和基本应用；根据 Verilog HDL 程序分析逻辑功能；常用逻辑电路的 Verilog HDL 描述方法。
>
> **难点：**用 PLD 设计逻辑电路；逻辑电路的 Verilog HDL 描述方法。
>
> **要求：**掌握可编程逻辑器件的分类和结构特点；熟悉常用逻辑电路的 Verilog HDL 描述方法。

课题一 可编程逻辑器件的分类和基本结构

内容提要

PLD 自 20 世纪 70 年代出现以来，经过不断发展和改进，主要有以下几种：可编程阵列逻辑 PAL、通用阵列逻辑 GAL、复杂可编程逻辑器件 CPLD 和现场可编程门阵列 FPGA。PLD 的分类方法有多种，按照 PLD 门电路的集成度可以分为低密度 PLD 和高密度 PLD，1000 门以下为低密度 PLD，如 EPROM、PAL 和 GAL 等。1000 门以上的为高密度 PLD，如 CPLD 和 FPGA 等。按照 PLD 的结构体系，可分为简单 PLD 和复杂 PLD，PAL 和 GAL 属于简单 PLD，CPLD 和 FPGA 属于复杂 PLD。

PLD 的一般结构框图如图 8-1 所示。与阵列和或阵列是它的基本部分，通过对与阵列、或阵列的编程实现所需的逻辑功能。输入电路由输入缓冲器组成，通过它可以得到驱动能力强并且互补的输入信号送到与阵列。有些 PLD 的输入电路也包含锁存器和寄存器等时序电路。输出电路主要分为组合和时序两种方式，组合方式的输出经过三态门，时序方式的输出经过寄存器和三态门。有些电路可以根据需要将输出反馈到与阵列的输入，以增加器件的灵活性。

PLD 是通过对与-或阵列的编程实现所需逻辑功能的，为加深对这种结构的理解，相关的习题包括两类。一类是分析已编程的 PLD 的逻辑功能，另一类是用 PLD 设计逻辑电路。在前面的章节已经学习了组合逻辑电路分析和设计、时序逻辑电路的分析和设计，这些分析设计方法也适用于本章的习题。

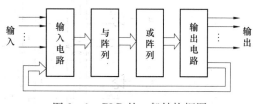

图 8-1 PLD 的一般结构框图

典型例题

【**例 8-1**】 分析图 8-2 的与-或逻辑阵列，写出 Y_0、Y_1、Y_2、Y_3 的逻辑函数式。

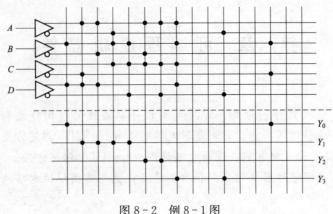

图 8-2 例 8-1 图

解 图 8-2 中虚线上方为与阵列，虚线下方为或阵列，由图可直接写出 $Y_0 \sim Y_3$ 的逻辑函数式

$$\begin{cases} Y_0 = BD + BC' \\ Y_1 = AC'D + AB'D + A'BC + BCD' \\ Y_2 = AB'C + ACD' \\ Y_3 = ABCD + A'D' \end{cases}$$

【解题指导与点评】 本题考查 PLD 的基本结构，要求根据已编程的 PLD 求输出函数表达式。解题的关键在于分清图中的与阵列和或阵列，然后根据编程情况可直接写出输出表达式。通过和第七章中用存储器实现组合逻辑函数对比可发现，用 PLD 实现组合逻辑函数更灵活。在 PLD 的与-或阵列中，与阵列和或阵列都是可编程的，而存储器中的与阵列是地址译码器，不可编程。

【例 8-2】 试分析图 8-3 中的与-或逻辑阵列，写出 Y_1、Y_2 与 A、B、C、D 之间的逻辑关系式。

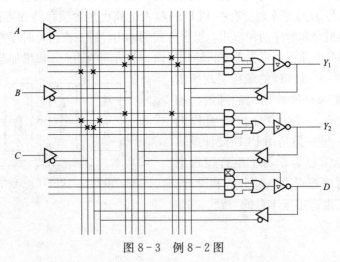

图 8-3 例 8-2 图

解 根据图中的编程连接可写出 Y_1、Y_2 的函数式

$$Y_1 = (AB' + A'B + CD)'$$

$$Y_2 = \begin{cases} (CD' + C'D)' & AB = 1 \\ \text{高阻} & AB = 0 \end{cases}$$

【解题指导与点评】 本题中与-或阵列的画法与例8-1中不同，且电路输出有三态缓冲器，与阵列中有输出的反馈信号。解本题的关键是理解PLD中各种门电路符号的意义。这些符号的意义规定如图8-4所示。结合图8-4中门电路符号的意义，由图8-3可以看出，和Y_1相连的三态门控制端恒为1；和Y_2相连的三态门控制端为AB；和D相连的三态门控制端恒为0，该三态门的输出恒为高阻状态。

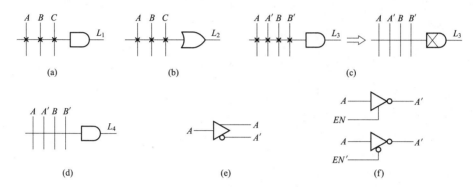

(a)　　　　　　　　(b)　　　　　　　　　　　　　(c)

(d)　　　　　　　　(e)　　　　　　　　　　(f)

图8-4　PLD中基本门电路的表示方法

(a) 与门；(b) 或门；(c) 输出恒为0的与门；

(d) 输出为1的与门；(e) 输入缓冲器；(f) 三态输出缓冲器

【例8-3】 用图8-5所示的与-或阵列设计一个判别四位二进制数$ABCD$数值范围的电路。当这个二进制数在0～5之间时Y_1为1，在6～10之间时Y_2为1，在11～15之间时Y_3为1。

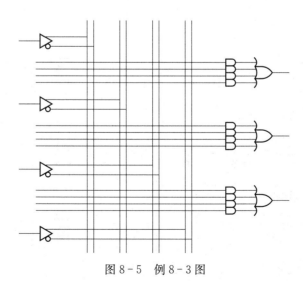

图8-5　例8-3图

解　不难看出，这是一个组合逻辑电路设计的题目，与第四章的不同之处在于要求用PLD的与-或阵列实现。解题步骤和第四章组合逻辑电路设计步骤相同。根据题意列出真值表，见表 8-1。

表 8-1   **例 8-3 的真值表**

A	B	C	D	Y_1	Y_2	Y_3
0	0	0	0	1	0	0
0	0	0	1	1	0	0
0	0	1	0	1	0	0
0	0	1	1	1	0	0
0	1	0	0	1	0	0
0	1	0	1	1	0	0
0	1	1	0	0	1	0
0	1	1	1	0	1	0
1	0	0	0	0	1	0
1	0	0	1	0	1	0
1	0	1	0	0	1	0
1	0	1	1	0	0	1
1	1	0	0	0	0	1
1	1	0	1	0	0	1
1	1	1	0	0	0	1
1	1	1	1	0	0	1

根据真值表写出 $Y_1 \sim Y_3$ 的表达式并化简得

$$\begin{cases} Y_1 = A'B' + A'C' \\ Y_2 = A'BC + AB'C' + AB'D' \\ Y_3 = AB + ACD \end{cases}$$

根据上式即可画出由与-或阵列实现该逻辑功能的电路，如图 8-6 所示。

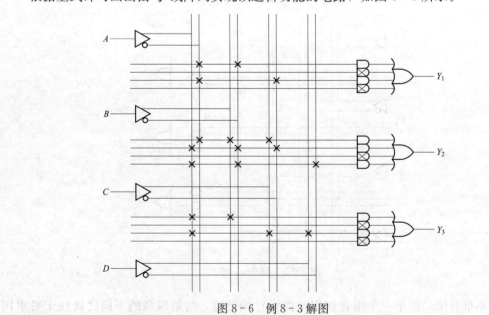

图 8-6 例 8-3 解图

【解题指导与点评】　用 PLD 可以实现组合逻辑电路和时序逻辑电路，当实现组合逻辑电路时，只需 PLD 中的与-或阵列即可；当需要实现时序逻辑电路时，就要用到含触发器的 PLD。实现方法和第四章、第六章中介绍的方法相同，在最后要确定输入端、输出端位置，对与-或阵列编程，进行电路连接。需要说明，例 8-1～例 8-3 是为了让初学者熟悉 PLD 的基本结构而设的，实际中 PLD 的编程都是采用编程软件在计算机上完成的。

自测题

一、选择题

1. 下列（　　）器件属于简单 PLD。

A. PAL B. CPLD C. FPGA

2. 下列（　　）器件属于高密度 PLD。

A. PAL B. GAL C. FPGA

3. 下列（　　）器件中使用了较多的 LUT。

A. PAL B. GAL C. CPLD D. FPGA

4. GAL 是由下列（　　）公司最先推出的。

A. Lattice B. Altera C. Xilinx

二、简答题

1. PLD 的类型有哪些？它们的共同特点是什么？

2. CPLD 和 FPGA 有哪些主要区别？实际中如何选用这两种器件？

3. 什么是边界扫描技术？JTAG 接口的引脚有哪些？

4. 在系统可编程 ISP 的优点是什么？

习题精选

1. 一个可编程逻辑阵列电路如题图 8-1 所示，写出 Y_0 和 Y_1 的表达式。

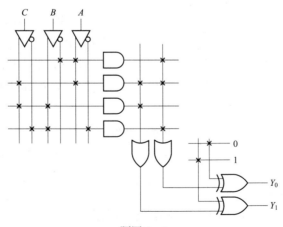

题图 8-1

2. 分析如题图 8-2 所示的由 PLD 构成的时序电路的的逻辑功能，写出电路的驱动方程、状态方程；画出电路的状态转换图。

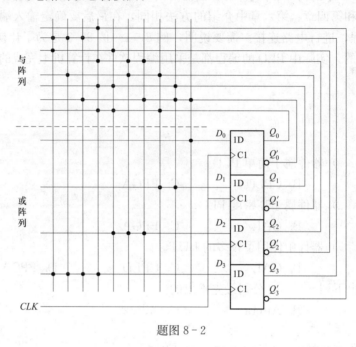

题图 8-2

3. 用 PLD 中的与-或阵列实现 4 位二进制自然码转换为 4 位格雷码的电路，画出相应的与-或阵列图。

课题二   **Verilog HDL 程序的分析与设计**

 内容提要

硬件描述语言是为了应用 CPLD 和 FPGA 等可编程逻辑器件而产生的，属于一种专用计算机编程语言。从最简单的门电路到复杂的数字系统，都可以用它进行完整的功能、动态参数以及功耗参数的描述。HDL 有多种，应用最多的是 Verilog HDL 和 VHDL，大多数 PLD 的软件平台都可以接受这两种语言编写的程序文件。Verilog HDL 硬件描述语言的语法和 C 语言很接近，初学者容易上手。

Verilog HDL 语言的语法元素包括注释、间隔符、标识符、操作符、逻辑值集合、数值、字符串和关键字等。在 HDL 的建模中，主要有结构化描述方式、数据流描述方式和行为描述方式，同一功能的逻辑电路可以用不同的描述方式建模。

本章的习题有两种类型：

（1）根据 Verilog HDL 语言的描述画出逻辑电路图。

解题方法：用逻辑图形符号取代 Verilog HDL 语言描述中的关键字，将这些图形符号按从输入到输出的顺序连接起来，即可得到所求的逻辑电路。

（2）用 Verilog HDL 语言描述一个已知的逻辑电路。

解题方法：首先对要描述的电路进行模块命名，然后说明电路的输入输出接口，再根据所给的条件选择适当的描述方式描述该逻辑电路。由于同一个逻辑电路可以选择不同的描述方式，因此最终的硬件描述语言程序不是唯一的。

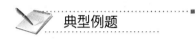

典型例题

【例 8－4】 根据下面所给的 Verilog HDL 语言描述，画出对应的逻辑电路图。

```
module decoder_24(Y, A1, A0, E);
    output [3:0]Y;
    input A1, A0, E;
    wire A1N, A0N, EN;
    not g1(A1N, A1);
    not g2(A0N, A0);
    not g3(EN, E);
    nand g4(Y[0], A1N, A0N, EN);
    nand g5(Y[1], A1N, A0, EN);
    nand g6(Y[2], A1, A0N, EN);
    nand g7(Y[3], A1, A0, EN);
endmodule
```

解 由程序可知，该电路输入变量为 A_1、A_0、E，输出变量为 Y，且 Y 是包含 4 个变量的矢量。电路含有 3 个非门，4 个与非门。根据程序和以上分析可画出逻辑电路图如图 8－7 所示。

【例 8－5】 写出用 Verilog HDL 语言描述 74LS161 的程序。

解 通过第六章学习可知，74LS161 为 4 位同步二进制计数器，具有异步清零、同步并行预置数功能，有计数使能端 EP、ET，预置数据输入端 D 和时钟输入端 CLK，状态输出端 Q 和进位输出端 C。根据这些要求，使用 assign 和 always 语句较方便。描述程序如下：

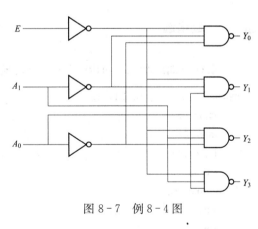

图 8－7 例 8－4 图

```
module 161count(EP, ET, LD, D, CLK, RD, Q, C);
    output [3:0] Q;
    output C;
    input [3:0] D;
    input EP, ET, LD, RD, CLK;
    reg [3:0] Q;
    wire CE;
    assign CE = EP & ET;
    assign C = ET & (Q == 4'b1111);
    always @ (posedge CLK or negedge RD)
```

```
    begin
    if (~ RD) Q = 4'b0000;
    else if (~ LD) Q < = D;
    else if (~ CE) Q < = Q;
    else Q < = Q + 1;
    end
endmodule
```

自测题

一、填空题

1. 当前使用最多的两种硬件描述语言是_____和_____。
2. Verilog HDL 语言的语法元素包括_____（要求写出6种）。

二、简答题

1. 硬件描述语言的优点有哪些？
2. 在 HDL 的建模中，有哪三种描述方式？
3. Verilog HDL 中规定的 4 种基本逻辑值是什么？
4. Verilog HDL 中的数据类型主要有哪两种？它们是如何定义的？
5. Verilog HDL 程序一般由哪几部分构成？

习题精选

1. 根据下面所给的 Verilog HDL 语言描述，画出对应的逻辑电路图。

```
module FA_str(A, B, CI, S, CO);
    input A;
    input B;
    input CI;
    output S;
    output CO;
    wire S1, T1, T2, T3;
    xor x1(S1, A, B);
    xor x2(S, S1, CI);
    and A1(T1, A, B);
    and A2(T2, A, CI);
    and A3(T3, B, CI);
    or O1(CO, T1, T2, T3);
endmodule
```

2. 写出用 Verilog HDL 语言描述 74LS160 的程序。

第九章 脉冲信号的产生与整形

重点：555 定时器的功能；利用 555 定时器构成施密特触发器、单稳态触发器和多谐振荡器及相关参数的计算；555 定时器的应用。

难点：555 定时器构成的应用电路的分析及相关参数的计算。

要求：熟练掌握 555 定时器的功能；555 定时器构成施密特触发器、单稳态触发器和多谐振荡器的方法、相关参数的计算及电路的电压波形。简单了解门电路构成施密特触发器、单稳态触发器和多谐振荡器的方法及工作原理。

课题一 施密特触发器的分析和相关参数计算

 内容提要

1. 施密特触发器的特点和应用

施密特触发器是脉冲波形变换和整形中经常使用的一种电路。它的主要特点是：

（1）具有两个稳定的状态，但没有记忆功能。

（2）具有滞回特性，即输入电压上升过程中引起电路状态变化的正向阈值电压 V_{T+} 和输入电压下降过程中引起电路变化的负向阈值电压 V_{T-} 是不同的。

施密特触发器主要用于脉冲波形的变换、整形和鉴幅等。

2. 施密特触发器阈值电压的计算

分析方法和解题步骤：

（1）分析确定输入为 0 时电路的状态，即电路中各点的电压值。

（2）找出输入电压上升过程中电路状态发生转换时是由哪一点的电压控制的。

（3）计算出该点电压引起电路状态发生变化时所对应的输入电压值，即得到 V_{T+}。

（4）分析确定输入电压高于 V_{T+} 以后电路的状态。

（5）找出输入电压下降过程中电路状态发生转换时是由哪一点的电压控制的。

（6）计算出该点电压引起电路状态发生变化时所对应的输入电压值，即得到 V_{T-}。

555 定时器构成的施密特触发器的逻辑图，如图 9-1 所示。由 555 定时器构成的是反相施密特触发器。

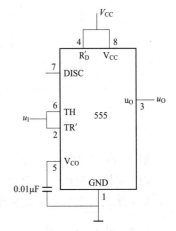

图 9-1 555 定时器构成的施密特触发器的逻辑图

555 定时器构成的施密特触发器，若电压控制端 V_{CO} 无外加电压，则 $V_{T+} = \dfrac{2}{3}V_{CC}$，$V_{T-} = \dfrac{1}{3}V_{CC}$，$\Delta V_T = \dfrac{1}{3}V_{CC}$；若电压控制端 V_{CO} 外加电压，则 $V_{T+} = V_{CO}$，$V_{T-} = \dfrac{1}{2}V_{CO}$，$\Delta V_T = \dfrac{1}{2}V_{CO}$。

由 CMOS 门电路构成的施密特触发器如图 9-2 所示，此电路为同相施密特触发器。

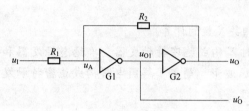

图 9-2 门电路构成的施密特触发器

根据阈值电压的求解方法，得出门电路构成的施密特触发器的正向阈值电压 V_{T+}、负向阈值电压 V_{T-} 和回差电压 ΔV_T 分别是：

$$V_{T+} = \frac{R_1 + R_2}{R_2}V_{TH} = \left(1 + \frac{R_1}{R_2}\right)V_{TH}$$

$$V_{T-} = \left(1 - \frac{R_1}{R_2}\right)V_{TH}$$

$$\Delta V_T = V_{T+} - V_{T-} = 2\frac{R_1}{R_2}V_{TH}$$

典型例题

【例 9-1】 将 555 定时器接成如图 9-3（a）所示电路，试回答下列问题：

（1）该电路属于什么样的触发器？

（2）试求出当 V_{CC} 电压值分别为 9V、12V 时，该触发器的阈值电压分别是多少？

（3）若输入电压 u_I 的波形如图 9-3（b）所示，试画出输出电压 u_O 的波形。

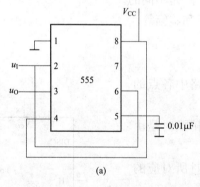

（a）

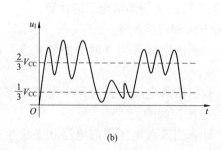

（b）

图 9-3 例 9-1 图

解 分析解题过程如下：

（1）电路构成的是一个反相施密特触发器。

（2）施密特触发器对应两个阈值电压，正向阈值电压 V_{T+} 和负向阈值电压 V_{T-}。

当 V_{CC} 电压值为 9V 时，$V_{T+} = \dfrac{2}{3}V_{CC} = 6V$；$V_{T-} = \dfrac{1}{3}V_{CC} = 3V$。

当 V_{CC} 电压值为 12V 时，$V_{T+}=\dfrac{2}{3}V_{CC}=8V$；$V_{T-}=\dfrac{1}{3}V_{CC}=4V$。

（3）输出电压波形如图 9-4 所示。

【解题指导与点评】　本题考查的知识点是 555 定时器构成施密特触发器的方法、相关参数的计算及输出电压波形的画法。必须记住 555 定时器构成的施密特触发器是一个反相施密特触发器，当 u_1 输入低电平 $\left(\text{小于}\dfrac{1}{3}V_{CC}\right)$ 信号时，电路输出 u_O 为高电平信号；当 u_1 输入高电平 $\left(\text{大于}\dfrac{2}{3}V_{CC}\right)$ 信号时，电路输出 u_O 为低电平信号。电路具有滞回特性，当输入电压上升过程中引起输出 u_O 状态发生跳变的正向阈值电压 $V_{T+}=\dfrac{2}{3}V_{CC}$，

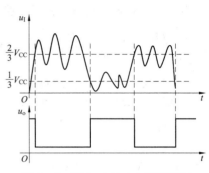

图 9-4　例 9-1 输出电压波形图

输入电压下降过程中引起输出 u_O 状态发生跳变的负向阈值电压 $V_{T-}=\dfrac{1}{3}V_{CC}$。

【例 9-2】　用 555 定时器构成的施密特触发器如图 9-5 所示。G 为 74HC 系列与非门，输出电压 V_G 的高、低电平分别为 $V_{OH}=5V$、$V_{OL}=0V$，输出电阻小于 50Ω。

（1）试求 V_G 为高、低电平时电路的 V_{T+} 和 V_{T-}。

（2）画出电路的电压传输特性。

解　分析解题过程如下：

（1）V_{CO} 端是电压控制端，连接在 555 定时器集成电路内部分压网络的电阻 R_1 和 R_2 之间的结点上，等效电路如图 9-6 所示。

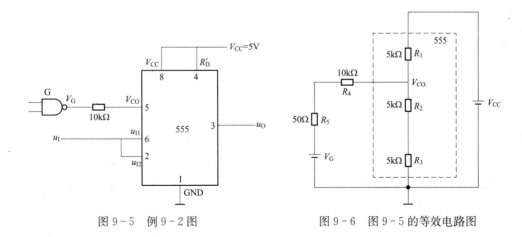

图 9-5　例 9-2 图　　　　　　　　　图 9-6　图 9-5 的等效电路图

当 $V_G=0V$ 时，可求得

$$V_{CO}=\frac{(R_2+R_3)\ /\!/\ (R_4+R_5)}{R_1+(R_2+R_3)\ /\!/\ (R_4+R_5)}V_{CC}$$

$$=\frac{(5k\Omega+5k\Omega)\ /\!/\ (10k\Omega+0.05k\Omega)}{5k\Omega+(5k\Omega+5k\Omega)\ /\!/\ (10k\Omega+0.05k\Omega)}\times 5V$$

$$= 2.5V$$

所以：$V_{T+} = V_{CO} = 2.5V$；$V_{T-} = \frac{1}{2}V_{CO} = 1.25V$。

当 $V_G = 5V$ 时，利用叠加定理求

$$V_{CO} = \frac{(R_2 + R_3) /\!/ (R_4 + R_5)}{R_1 + (R_2 + R_3) /\!/ (R_4 + R_5)}V_{CC} + \frac{R_1 /\!/ (R_2 + R_3)}{R_4 + R_5 + R_1 /\!/ (R_2 + R_3)}V_G$$

$$= \frac{(5k\Omega + 5k\Omega) /\!/ (10k\Omega + 0.05k\Omega)}{5k\Omega + (5k\Omega + 5k\Omega) /\!/ (10k\Omega + 0.05k\Omega)} \times 5V + \frac{5k\Omega /\!/ (5k\Omega + 5k\Omega)}{10k\Omega + 0.05k\Omega + 5k\Omega /\!/ (5k\Omega + 5k\Omega)} \times 5V$$

$$= 3.74V$$

所以：$V_{T+} = V_{CO} = 3.74V$；$V_{T-} = \frac{1}{2}V_{CO} = 1.87V$。

（2）根据上述计算结果画出电压传输特性，如图 9-7 所示。

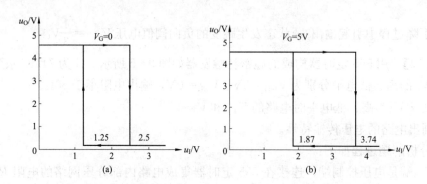

图 9-7   图 9-5 电路的电压传输特性

（a）$V_G = 0$；（b）$V_G = 5V$

【解题指导与点评】　本题考查的知识点是若参考电压由外接的电压 V_{CO} 供给，则这时 $V_{T+} = V_{CO}$，$V_{T-} = \frac{1}{2}V_{CO}$，$\Delta V_T = \frac{1}{2}V_{CO}$。本题中 V_{CO} 的值是与非门 G 的输出 V_G，而 V_G 的输出结果只有两种情况：高电平或低电平。因此根据 V_G 的不同取值，分别求出所对应的 V_{CO} 的值，进而求出所对应的阈值电压。

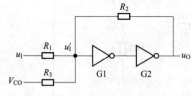

图 9-8   例 9-3 图

【例 9-3】　图 9-8 是用 CMOS 反相器接成的施密特触发器电路，试分析它的转换电平 V_{T+}、V_{T-} 以及回差电压 ΔV_T 与控制电压 V_{CO} 的关系。

解　根据叠加定理求得

$$u'_1 = \frac{R_2 /\!/ R_3}{R_1 + R_2 /\!/ R_3}u_1 + \frac{R_1 /\!/ R_2}{R_3 + R_1 /\!/ R_2}V_{CO} + \frac{R_1 /\!/ R_3}{R_2 + R_1 /\!/ R_3}u_O$$

（1）当 u_1 升高时，$u_O = 0$，当 $u'_1 = V_{TH}$ 时，$u_1 = V_{T+}$，将此时状态代入上式得

$$V_{TH} = \frac{R_2 /\!/ R_3}{R_1 + R_2 /\!/ R_3}V_{T+} + \frac{R_1 /\!/ R_2}{R_3 + R_1 /\!/ R_2}V_{CO} + \frac{R_1 /\!/ R_3}{R_2 + R_1 /\!/ R_3} \cdot 0$$

整理得到 V_{T+}：$V_{T+}=\left(1+\dfrac{R_1}{R_3}+\dfrac{R_1}{R_2}\right)V_{TH}-\dfrac{R_1}{R_3}V_{CO}$

（2）当 u_I 降低时，$u_O=V_{DD}$，当 $u_I'=V_{TH}$ 时，$u_I=V_{T-}$，将此时状态代入上式得

$$V_{TH}=\frac{R_2\ /\!/\ R_3}{R_1+R_2\ /\!/\ R_3}V_{T-}+\frac{R_1\ /\!/\ R_2}{R_3+R_1\ /\!/\ R_2}V_{CO}+\frac{R_1\ /\!/\ R_3}{R_2+R_1\ /\!/\ R_3}\cdot V_{DD}$$

整理得到 V_{T-}：$V_{T-}=\left(1+\dfrac{R_1}{R_3}-\dfrac{R_1}{R_2}\right)V_{TH}-\dfrac{R_1}{R_3}V_{CO}$

（3）回差电压 ΔV_T：$\Delta V_T=V_{T+}-V_{T-}=2\dfrac{R_1}{R_2}V_{TH}$

根据以上三个公式分析可知：当 V_{CO} 增大时，V_{T+}、V_{T-} 均减小，回差电压 ΔV_T 不变。

【解题指导与点评】　本题考查的知识点是门电路构成的施密特触发器的分析方法和参数计算。掌握求取阈值电压的方法和步骤，明确电路各点的状态并确定引起电路状态发生改变所对应的输入电压值是解题的关键所在。

　自测题

一、选择题

1. 将三角波变换为矩形波，需选用（　　　）。

A. 多谐振荡器　　　　　　　　　　B. 施密特触发器

C. RC 微分电路　　　　　　　　　D. 双稳态触发器

2. 由 555 定时器构成的施密特触发器，改变电压控制端 V_{CO} 的值，则（　　　）。

A. 改变输出 u_O 的幅值

B. 改变低电平 V_{OL} 的数值

C. 改变高电平 V_{OH} 的数值

D. 改变回差电压 ΔV_T

3. 对于由 555 定时器构成的施密特触发器，若使输出 $u_O=V_{OL}$，则输入应为（　　　）。

A. $u_I>V_{T+}$　　　　　　　　　　B. $u_I<V_{T+}$

C. $u_I>V_{T-}$　　　　　　　　　　D. $u_I<V_{T-}$

4. 能将缓慢变化的波形转换成矩形波的电路是（　　　）。

A. 单稳态触发器　　　　　　　　　B. 施密特触发器

C. 多谐振荡器　　　　　　　　　　D. 双稳态触发器

二、填空题

1. 施密特触发器有_____个稳定状态。

2. 施密特触发器主要的用途有_____、_____和_____。

3. 555 定时器构成的施密特触发器，当 $V_{CC}=15V$ 时，而且没有外加控制电压，则 $V_{T+}=$ _____，$V_{T-}=$ _____，$\Delta V_T=$ _____。

4. 555 定时器构成的施密特触发器，当 $V_{CC}=9V$ 时，外加控制电压 $V_{CO}=6V$ 时，则 $V_{T+}=$ _____，$V_{T-}=$ _____，$\Delta V_T=$ _____。

三、画图题

1. 电路如图 9-1 所示，若输入电压 u_1 为正弦波形，如题图 9-1 所示，试画出电源电压为 12V 时，输出电压的波形，并根据输入和输出波形画出对应的电压传输特性曲线。

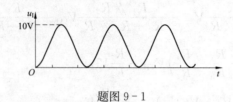

题图 9-1

2. 试利用 555 定时器构成反相施密特触发器。

3. 试定性的画出图 9-2 所示施密特触发器的电压传输特性曲线。

习题精选

1. 555 构成的施密特触发器如图 9-1 所示，当输入信号波形如题图 9-2 所示，试画出输出信号的波形。施密特触发器的转换电平 V_{T+}、V_{T-} 已在输入信号波形图上标出。

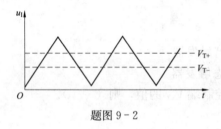

题图 9-2

2. 在题图 9-3（a）所示的施密特触发器电路中，已知 $R_1 = 10\text{k}\Omega$，$R_2 = 30\text{k}\Omega$。G1 和 G2 为 CMOS 反相器，$V_{DD} = 15\text{V}$。

（1）试计算电路的 V_{T+}、V_{T-}、ΔV_T。

（2）若将题图 9-3（b）给出的电压信号加到题图 9-3（a）电路的输入端，试画出输出电压的波形。

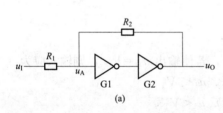

(a)

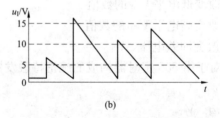

(b)

题图 9-3

3. 题图 9-4 所示为具有电平偏移二极管的施密特触发器电路，试分析它的工作原理，并画出电压传输特性。G1、G2、G3 均为 TTL 电路。

4. 试说明题图 9-5 所示用 555 定时器构成的电路功能，求出 V_{T+}、V_{T-}、ΔV_T，并画出其输出波形。（2012 年北京邮电大学攻读硕士学位研究生入学试题）

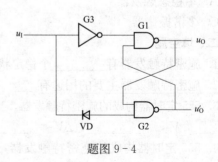

题图 9-4

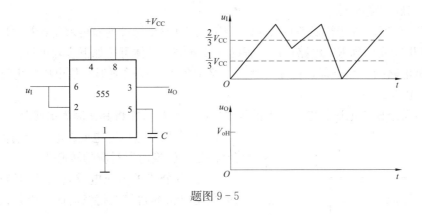

题图 9 – 5

课题二　**单稳态触发器的分析和相关参数计算**

　内容提要

1. 单稳态触发器的特点和应用

单稳态触发器具有如下的显著特点：

（1）它有稳态和暂稳态两个不同的工作状态。

（2）在外界触发脉冲作用下，能从稳态翻转到暂稳态，在暂稳态维持一段时间以后，再自动返回稳态。

（3）暂稳态维持时间的长短取决于电路本身的参数，与触发脉冲的宽度和幅度无关。

单稳态触发器被广泛应用于脉冲整形、延时以及定时等。

实际应用中常采用集成单稳态触发器。集成单稳态触发器按能否被重复触发，可以分成可重复触发和不可重触发的单稳态触发器。74121、74221、74LS221 都是不可重复触发的单稳态触发器；74122、74LS122、74123、74LS123 都属于可重复触发的单稳态触发器。

2. 单稳态触发器主要参数的计算

单稳态触发器的性能通常用输出脉冲宽度 t_W、输出脉冲幅度 V_{om} 和恢复时间 t_{re} 等几个主要参数描述。

（1）输出脉冲幅度 V_{om}。

若输出电压的高、低电平分别为 V_{OH} 和 V_{OL}，则输出脉冲幅度

$$V_{om} = V_{OH} - V_{OL}$$

（2）恢复时间 t_{re}。

恢复时间是指电路从暂稳态结束到恢复为触发前稳定状态所需要的时间。一般认为经过 RC 电路时间常数 3～5 倍的时间以后，电路基本上可以到达稳态，故得到

$$t_{re} = (3 \sim 5)RC$$

式中，RC 为充、放电回路的时间常数。

（3）输出脉冲宽度 t_W。

输出脉冲的宽度等于暂稳态持续时间，因此计算输出脉冲的宽度就是计算电路暂稳态持续时间。这里需要用到 RC 电路过渡过程的计算方法，具体可按如下步骤进行：

① 分析电路的工作过程，定性地画出电路中各点电压的波形，找出决定电路状态发生转换的控制电压。

② 画出每个控制电压充电或放电的等效电路，并尽可能将其化简为单回路。

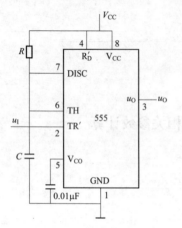

图 9-9　555 定时器构成的
单稳态触发器的逻辑图

③ 确定每个控制电压充电或放电的起始值、终了值和电路状态发生转换时所对应的转换值。

④ 代入计算公式求出充电或放电过程经过的时间，这个时间既是电路的暂稳态持续时间，也是输出脉冲宽度 t_W。

555 定时器构成的单稳态触发器的逻辑图，如图 9-9 所示。

555 定时器构成的单稳态触发器的输出脉冲宽度 t_W 等于电容电压在充电过程中从 0 上升到 $\frac{2}{3}V_{CC}$ 所需要的时间。将 t_0 作为时间起点，则 $u_C(0) \approx 0V$，$u_C(\infty) \approx V_{CC}$，$V_{TH} = \frac{2}{3}V_{CC}$，代入 RC 电路过渡过程计算公式，可得

$$t_W = RC\ln\frac{u_C(\infty) - u_C(0)}{u_C(\infty) - V_{TH}}$$

$$= RC\ln\frac{V_{CC} - 0}{V_{CC} - \frac{2}{3}V_{CC}}$$

$$= RC\ln 3 \approx 1.1RC$$

由 555 定时器构成的单稳态触发器的恢复时间 t_{re} 就是暂稳态结束后，电容 C 经晶体管 VT 放电的时间，R 是晶体管 VT 的饱和导通电阻，由于 R 很小，所以 t_{re} 极短。

由 CMOS 门电路构成的微分型单稳态触发器如图 9-10 所示。

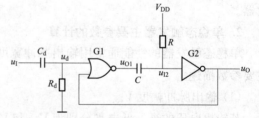

图 9-10　CMOS 门电路构成的微分型单稳态触发器

由图 9-10 可知，输出脉冲宽度 t_W 就是电容从 0V 充电到 V_{TH} 所需的时间。则 $u_C(0) = 0V$，$u_C(\infty) = V_{DD}$，$V_{TH} = \frac{1}{2}V_{DD}$，代入 RC 电路过渡过程计算公式，可得

$$t_W = RC\ln\frac{u_C(\infty) - u_C(0)}{u_C(\infty) - V_{TH}}$$

$$=RC\ln\frac{V_{DD}-0}{V_{DD}-\dfrac{1}{2}V_{DD}}$$

$$=RC\ln 2\approx 0.69RC$$

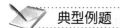

典型例题

【例 9-4】　电路如图 9-11 所示，触发信号来自 TTL 电路，高低电平分别为 3.4V 和 0.1V，若 $V_{CC}=15V$，$R_1=22k\Omega$，$R_2=18k\Omega$，$C=100\mu F$，试回答以下问题：

(1) 该电路属于什么触发器？

(2) R_1 和 R_2 在电路中的作用？

(3) 若要求输出脉冲宽度在 1～10s 的范围内调节，则电阻 R 的调节范围是多少？

解　分析解题过程如下：

(1) 该电路为 555 定时器构成的单稳态触发器。

(2) 当触发脉冲 u_I 下降沿到达时，555 定时器的 2 脚由高电平跳变为低电平 $\left(\dfrac{1}{3}V_{CC}\text{以下}\right)$，电路由稳态进入暂稳态。若欲使单稳态电路正常工作，触发信号必须能将 2 脚的电压拉到 5V 以下，但在触发信号到来之前，2 脚电压应高于 5V。但是触发脉冲最高电平仅为 3.4 V，所以要在输入端加分压

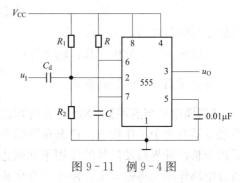

图 9-11　例 9-4 图

电阻 R_1 和 R_2，使 2 脚电压在没有触发脉冲时略高于 5V。当 $R_1=22k\Omega$，$R_2=18k\Omega$，分压后 2 脚电压为 6.75V。这样触发脉冲 u_I 经微分电容 C_d 加到 2 脚，2 脚电压从 6.75V 跳变到 5V 以下，电路才能被触发，从而进入暂稳态。

(3) 555 定时器构成的单稳态触发器暂稳态所维持的时间

$$t_W=RC\ln 3\approx 1.1RC$$

已知 $C=100\mu F$，$t_W=1\sim 10s$，可求出 R 的调节范围：

$$R_{(min)}=\frac{t_{W(min)}}{1.1C}=\frac{1}{1.1\times 100\times 10^{-6}}\Omega=9.1k\Omega$$

$$R_{(max)}=\frac{t_{W(max)}}{1.1C}=\frac{10}{1.1\times 100\times 10^{-6}}\Omega=91k\Omega$$

【解题指导与点评】　本题考查的知识点是 555 定时器构成单稳态触发器的方法、特点及脉冲宽度的计算方法。555 定时器构成的单稳态触发器，在稳态时 u_I 为高电平 $\left(\text{高于}\dfrac{1}{3}V_{CC}\right)$，输出 u_O 为低电平。当 u_I 下降沿到达时，555 的 2 脚由高电平跳变为低电平 $\left(\dfrac{1}{3}V_{CC}\text{以下}\right)$，电路由稳态进入暂稳态，$V_{CC}$ 经 R 向 C 充电，当充电到 $\dfrac{2}{3}V_{CC}$ 时，输出 u_O 返回低电平。本题解题的关键是首先明确触发脉冲是负向脉冲，同时要注意只有跳变到 $\dfrac{1}{3}V_{CC}$ 以下才能触发电路

进入暂稳态。单稳态触发器输出脉冲宽度 t_W 仅决定于电路本身参数 R、C 的取值，与触发脉冲的宽度和幅度无关，调节 R、C 的取值，即可方便地调节 t_W。

【例 9 - 5】 图 9 - 12 是由 TTL 门电路构成的微分型单稳态触发器，为保证电路能够正常工作，R_d 的阻值足够大，R 的阻值足够小。

（1）该电路处于稳态时，u_{O1} 和 u_O 处于什么状态？

（2）若电路输出脉冲宽度 $t_W = 4\mu s$，恢复时间 $t_{re} = 1\mu s$，则输出信号的最高频率是多少？

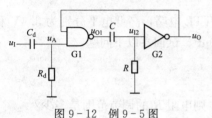

图 9 - 12　例 9 - 5 图

解　分析解题过程如下：

（1）由于 R 的阻值足够小，所以 $u_{I2} < V_{TH}$；同时 R_d 的阻值足够大，则 $u_A > V_{TH}$，故稳态时：$u_{O1} = V_{OL}$，$u_O = V_{OH}$。

（2）单稳态触发器暂稳态结束后，还要等到电容 C 放电完后，电路才能恢复为起始的稳态。所以在保证电路正常工作的前提下，允许两个相邻触发脉冲之间的最小时间间隔为：$t_W + t_{re}$。

所以根据以上分析可知：输出脉冲 $T_{min} = t_W + t_{re}$

可得输出信号的最高频率：$f_{max} = \dfrac{1}{T_{min}} = \dfrac{1}{(4+1) \times 10^{-6}} = 200\text{kHz}$

【解题指导与点评】　本题考查的知识点是门电路构成的单稳态触发器的分析方法。单稳态触发器有两个工作状态：稳态和暂稳态。首先在分析时要确定稳态时电路各点的电压，然后再分析在外界触发信号的作用下如何进入暂稳态及电路各点电压的变化。R_d、C_d 组成的微分电路作用是将输入宽脉冲变换为窄脉冲。

自测题

一、选择题

1. 如图 9 - 10 所示的单稳态触发器电路中，为了加大输出脉冲宽度，可采取的措施是（　　）。

A. 加大 R_d 　　　　　　　　　　　　　B. 加大 R

C. 提高 V_{DD} 　　　　　　　　　　　　D. 增加输入触发脉冲的宽度

2. 已知某电路的输入输出波形如题图 9 - 6 所示，则该电路可能为（　　）。

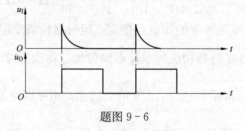

题图 9 - 6

A. 多谐振荡器　　　　　　　　　　　　　B. 双稳态触发器

C. 单稳态触发器　　　　　　　　　　　　D. 施密特触发器

3. 由 555 定时器构成的单稳态触发器正常工作时，若未加输入负脉冲，即输入 u_1 保持高电平，则单稳态触发器的输出 u_O 为（   ）。

A. 低电平   B. 高电平

C. 负向脉冲   D. 正向脉冲

4. 由 555 定时器构成的单稳态触发器，若电源电压 $V_{CC}=6V$，则当暂稳态结束时，电容 C 上的电压 u_C 为（   ）。

A. 0V   B. 2V   C. 4V   D. 6V

5. 由 555 定时器构成的单稳态触发器为负向脉冲触发，若输入负脉冲宽度大于输出脉冲宽度时，应在输入端之前加（   ）。

A. 微分电路   B. 积分电路

C. 非门   D. 以上均可

二、填空题

1. 单稳态触发器有_____个工作状态，分别叫作_____和_____。

2. 单稳态触发器在外界触发脉冲的作用下，能从 _____ 翻转成 _____，在_____维持一段时间以后，再自动返回_____。

3. 集成单稳态触发器按工作方式分_____和_____。

4. 单稳态触发器主要应用有：脉冲波形的整形、_____和_____。

三、简答题

1. 将 555 定时器连接成如题图 9-7 所示的电路，试回答以下问题：

(1) 该电路属于什么形式的触发器？

(2) 试求当 V_{CC} 电压值分别为 9V、6V、5V 时，该触发器的阈值电压分别是多少？

2. 题图 9-7 所示的电路中 V_{CC} 电压值为 5V，电阻 R 为 15kΩ，电容 C 为 0.047μF，若输入端外加一个电压值足够低的输入尖脉冲信号，计算在尖脉冲电压信号作用下，输出电压维持高电平的时间。

3. 题图 9-7 所示的电路中 V_{CC} 电压值为 9V，电阻 R 为 15kΩ，若要求在输入端外加一个电压值足够低的输入尖脉冲信号作用下，输出电压维持高电平的时间为 3s，试计算电容 C 的大小。

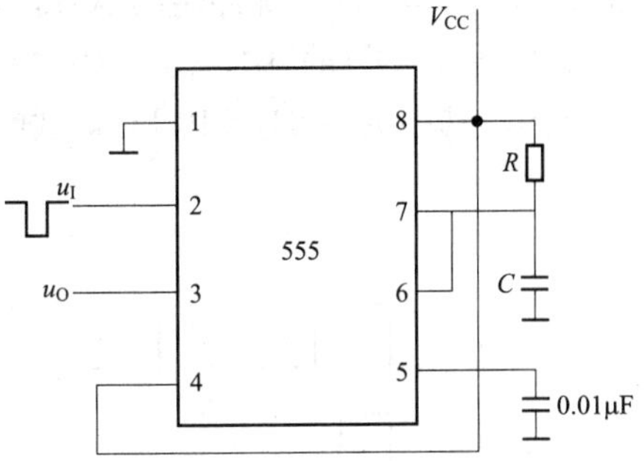

题图 9-7

4. 在图 9-10 给出的微分型单稳态触发器电路中，已知 $R=51kΩ$，$C=0.01μF$，电源电压 $V_{DD}=10V$，试求在触发信号作用下输出脉冲的宽度和幅度。

━━━━ 习题精选 ━━━━

1. 在图 9-9 所示单稳态触发器中，$V_{CC}=12\,V$、$R=27kΩ$、$C=0.05μF$。

(1) 估算输出脉冲 u_O 的宽度 t_W。

(2) 若 u_1 为负向窄脉冲，其脉冲宽度为 0.5ms，高电平 $V_{IH}=9V$，低电平 $V_{IL}=0V$，试对应画出 u_1、u_C、u_O 的波形。

（3）当 $V_{IH} = 9V$，为了保证电路能可靠地被触发，u_1 的下限值即 V_{IL} 最大值应为多少？

2. 题图 9-8 是用两个集成单稳态触发器 74121 所组成的脉冲变换电路，外接电阻和外接电容的参数如题图 9-8 所示。试计算在输入触发信号 u_1（波形见题图 9-8）作用下 u_{O1} 和 u_{O2} 输出脉冲的宽度，并画出与 u_1 波形相对应的 u_{O1} 和 u_{O2} 的电压波形。

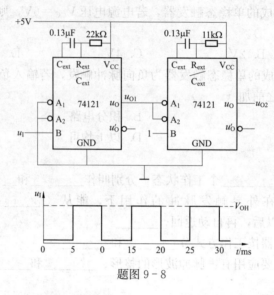

题图 9-8

3. 试利用 74121 构成单稳态触发器，要求在输入触发脉冲上升沿作用下，能够产生脉冲宽度 t_W 为 $20\mu s$ 的正脉冲输出信号，若 $C = 0.01\mu F$，试画出电路图并计算 R 取值。

4. 题图 9-9（a）中，信号 B 中 $t_W = 3.3ms$，题图 9-9（b）为所设计的实现波形变换的电路图，其中 $R_1 = R_2 = 10\ k\Omega$，试回答以下问题。

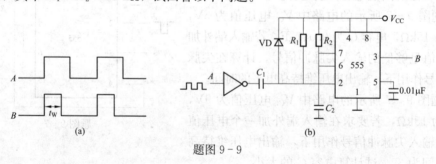

题图 9-9

（1）指出该电路的名称并计算 C_2 的取值。

（2）R_1 和 C_1 起何作用？若有 $100pF$ 和 $1\mu F$ 两个电容，应选哪个用于 C_1？

课题三　**多谐振荡器的分析和相关参数计算**

内容提要

多谐振荡器是一种自激振荡电路，没有输入信号。多谐振荡器起振之后，电路没有稳态，只有两个暂稳态交替变化，输出连续的矩形波，因此它又被称作无稳态电路。

在分析多谐振荡器电路时，需要计算以下几个最基本的性能参数。

（1）振荡周期 T 的计算。多谐振荡器的工作特点是不停地在两个暂稳态之间反复转换，因而振荡周期等于两个暂稳态持续时间之和。计算振荡周期的方法与单稳态触发器的暂稳态持续时间的计算方法和步骤相同。

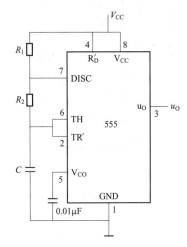

（2）输出脉冲幅度 V_{om} 的计算。输出脉冲幅度仍为输出高电平 V_{OH} 和输出低电平 V_{OL} 之差，即

$$V_{om} = V_{OH} - V_{OL}$$

（3）输出波形占空比 q 的计算。矩形波中高电平所维持的时间与矩形波的周期之比就是占空比。

555 定时器构成的多谐振荡器的逻辑图，如图 9-13 所示。

图 9-13　555 定时器构成的
多谐振荡器的逻辑图

555 定时器构成的多谐振荡器的振荡周期

$$T = T_1 + T_2 = (R_1 + 2R_2)C\ln 2 = 0.69(R_1 + 2R_2)C$$

555 定时器构成的多谐振荡器的占空比

$$q = \frac{T_1}{T} = \frac{R_1 + R_2}{R_1 + 2R_2}$$

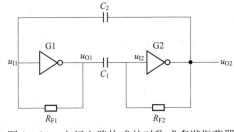

由门电路构成的对称式多谐振荡器如图 9-14 所示，它是由两个 TTL 反相器 G1、G2 经耦合电容 C_1、C_2 连接起来的正反馈电路。

取 $V_{OH} = 3.4V$，$V_{IK} = -1V$，$V_{TH} = 1.1V$，在 $R_{F1} = R_{F2} = R_F \ll R_1$ 的情况下可近似得到电路振荡周期

图 9-14　由门电路构成的对称式多谐振荡器

$$T \approx 2R_F C\ln\frac{V_{OH} - V_{IK}}{V_{OH} - V_{TH}} \approx 1.3R_F C$$

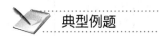　典型例题

【例 9-6】　图 9-15 是由 555 定时器构成的多谐振荡器，$R_1 = 1k\Omega$，$R_2 = 3k\Omega$，电位器 $R_W = 6k\Omega$，$C = 1\mu F$，电位器上半部分电阻为 R'_W，下半部分电阻为 R''_W，二极管为理想二极管，试回答以下问题：（2012 年哈尔滨工业大学硕士研究生入学考试试题）

（1）若调节电位器 R_W 的滑动端，输出端 u_O 会有什么变化？

（2）若要求 u_O 的占空比为 50%，求电位器上半部分的电阻 R'_W。

（3）计算 u_O 的频率。

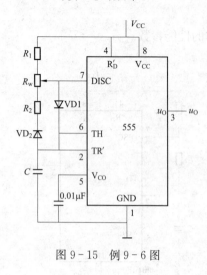

图 9-15 例 9-6 图

解 分析解题过程如下：

（1）若调节电位器 R_w 的滑动端，输出端 u_O 的占空比会发生变化。

电容充电时间

$$T_1 = (R_1 + R'_w)Cln2 = 0.69(R_1 + R'_w)C$$

电容放电时间

$$T_2 = (R_2 + R''_w)Cln2 = 0.69(R_2 + R''_w)C$$

u_O 的占空比

$$q = \frac{R_1 + R'_w}{R_1 + R_2 + R_w}$$

故当电位器 R_w 向上调节，电容充电时间 T_1 减小，则占空比减小；反之则增大。

（2）若要求占空比为 50%，则 $T_1 = T_2$

$$R_1 + R'_w = R_2 + R''_w$$

$$R_w = R'_w + R''_w$$

根据以上公式得出：$R'_w = 4k\Omega$，$R''_w = 2k\Omega$

（3）u_O 的频率

$$f = \frac{1}{(R_1 + R_2 + R_w)Cln2}$$

$$= \frac{1}{(1+3+6) \times 1 \times 10^{-6} \times 0.69} Hz = 144.9Hz$$

【解题指导与点评】 本题考查的知识点是 555 定时器构成的占空比可调的多谐振荡器。由于接入了二极管 VD1 和 VD2，电容 C 的充电电流和放电电流流经不同的路径，充电电流只流经 R_1 和 R'_w，放电电流只流经 R_2 和 R''_w，因此相关参数也要发生相应改变。

【例 9-7】 图 9-16 是用 555 定时器构成的压控振荡器，试求输入控制电压 u_1 和振荡频率之间的关系式。当 u_1 升高时频率是升高还是降低？

解 当控制电压端 V_{CO} 外接输入电压信号 u_1 时，则电路的阈值电压发生相应改变，$V_{T+} = u_1$，$V_{T-} = \frac{1}{2}u_1$，从而得出相对应的电容充、放电时间。

电容充电时间

$$T_1 = (R_1 + R_2)Cln\frac{V_{CC} - V_{T-}}{V_{CC} - V_{T+}} = (R_1 + R_2)Cln\frac{V_{CC} - \frac{1}{2}u_1}{V_{CC} - u_1}$$

电容放电时间

$$T_2 = R_2Cln\frac{0 - V_{T+}}{0 - V_{T-}} = R_2Cln2$$

则电路的振荡周期

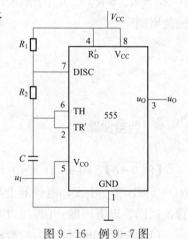

图 9-16 例 9-7 图

$$T = T_1 + T_2 = (R_1 + R_2)C\ln\frac{V_{CC} - \frac{1}{2}u_1}{V_{CC} - u_1} + R_2C\ln2$$

由以上公式可以得出结论：当 u_1 升高时，T 变大，则振荡频率下降。

【解题指导与点评】　本题考查的知识点是掌握控制电压端 V_{CO} 对电路阈值电压的影响。根据阈值电压的不同取值，利用三要素法求出电路的振荡周期。

【例 9-8】　CMOS 门电路构成的多谐振荡器如图 9-17 所示，若电路中的 $R_{P1} = R_{P2} = R_{F1} = R_{F2} = 2k\Omega$，$C_1 = C_2 = 500pF$，试计算电路的振荡信号频率并画出电路中各点的电压波形。

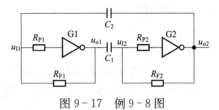

图 9-17　例 9-8 图

解　由于 R_{P1}、R_{P2} 足够大，为便于分析忽略反相器的输入电流。电路参数对称，故电容的充电时间和放电时间相等，据此画出的各点电压波形如图 9-18（a）所示。图 9-18（b）是电容充、放电的等效电路。

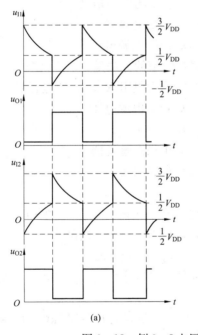

(a)

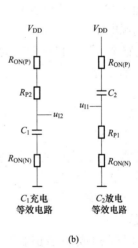

(b)

图 9-18　例 9-8 电压波形图和等效电路图

根据等效电路求得振荡周期

$$T = 2(R_F + R_{ON(N)} + R_{ON(P)})C\ln\frac{V_{DD} - (V_{TH} - V_{DD})}{V_{DD} - V_{TH}}$$

$V_{TH} = \frac{1}{2}V_{DD}$，且 R_F 远远大于反相器内阻，所以上式化简为

$$T \approx 2R_F C\ln3$$

得到振荡频率

$$f=\frac{1}{2\times10\times10^3\times0.01\times10^{-6}\times1.1}\approx4.55\text{kHz}$$

【解题指导与点评】　本题考查的知识点是门电路构成的多谐振荡器的分析方法及振荡频率的计算。要学会分析电路各点的电压变化情况，能够画出对应的电压波形。在参数计算时注意忽略微小量，简化计算方法。

自测题

一、选择题

1. 自动产生矩形脉冲信号的是（　　　）。

A. 施密特触发器　　B. 单稳态触发器　　C. 多谐振荡器　　　　D. T 触发器

2. 由 555 定时器构成的多谐振荡器，若增大定时电容 C，则（　　　）。

A. 增大振荡周期　　　　　　　　　　B. 增大输出脉冲幅度

C. 增大占空比　　　　　　　　　　　D. 增大振荡频率

3. 由 555 定时器构成的多谐振荡器，改变占空比的方法是（　　　）。

A. 改变电阻 R_1、R_2　　　　　　　B. 改变电容 C

C. 同时改变电阻和电容　　　　　　　D. 改变电源电压

4. 由 555 定时器构成的多谐振荡器，可降低频率的方法是（　　　）。

A. 减小电阻 R_1、R_2 或电容 C　　　B. 增大电阻 R_1、R_2 或电容 C

C. 降低电源电压　　　　　　　　　　D. 提高电源电压

5. 下列电路中，没有稳定状态的是（　　　）。

A. 施密特触发器　　　　　　　　　　B. 单稳态触发器

C. 多谐振荡器　　　　　　　　　　　D. 时钟触发器

二、填空题

1. 多谐振荡器有＿＿＿＿＿＿个工作状态，它是脉冲波形的＿＿＿＿＿＿＿＿电路。

2. 对振荡器频率稳定度要求很高的场合，多采用＿＿＿＿＿＿＿振荡器。

3. 多谐振荡器产生的是＿＿＿＿＿＿（矩形、三角、正弦）波。

4. 多谐振荡器的输出信号的周期与阻容元件的参数成＿＿＿＿＿＿（正比、反比）。

三、简答题

1. 555 定时器构成的多谐振荡器如图 9 - 13 所示，$R_1=15\text{k}\Omega$，$R_2=20\text{k}\Omega$，$C=0.01\mu\text{F}$，试计算该电路输出电压的频率，并对应画出 u_C 和 u_O 的波形。

2. 用 555 定时器设计一个多谐振荡器，振荡频率为 50Hz，占空比为 60%，电容 $C=0.22\mu\text{F}$。

3. 如图 9 - 14 所示的对称式多谐振荡器电路中，若 $R_{F1}=R_{F2}=1\text{k}\Omega$，$C_1=C_2=0.1\mu\text{F}$，G1 和 G2 的 $V_{OH}=3.4\text{V}$，$V_{TH}=1.1\text{V}$，$V_{IK}=-1\text{V}$，$R_1=20\text{k}\Omega$，求电路的振荡频率。

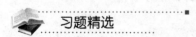

习题精选

1. 如题图 9 - 10 所示的多谐振荡器，调节电位器，求这个电路能输出的最大和最小振荡频率，最大和最小占空比。

2. 电路如题图 9-11（a）所示，设二极管 VD 具有理想特性，试求：（2011 年哈尔滨工业大学硕士研究生入学考试试题）

（1）该电路实现的是什么功能？

（2）已知该电路的工作波形如题图 9-11（b）所示，计算 V_{CC}、R_1 和 R_2 的值。

（3）画出电路输出 u_O 的波形图，要求标明输出信号 u_O 的幅值与时间坐标。

（4）若 555 定时器的第 5 脚接入电压 $U_{IC}=V_{CC}$，请简述电路输出信号的变化情况。

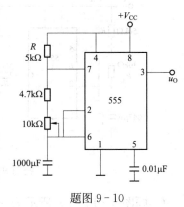

题图 9-10

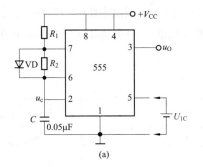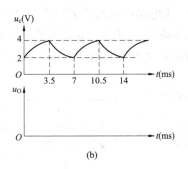

(a)　　　　　　　　(b)

题图 9-11

3. 题图 9-12 是一个简易电子琴电路，当琴键 $S_1 \sim S_n$ 均未按下时，三极管 VT 接近饱和导通，u_E 约为 0V，使 555 定时器组成的振荡器停振。当按下不同琴键时，因 $R_1 \sim R_n$ 的阻值不等，扬声器发出不同的声音。若 $R_B=20k\Omega$，$R_1=10k\Omega$，$R_E=2k\Omega$，三极管的电流放大系数 $\beta=150$，$V_{CC}=12V$，振荡器外接电阻、电容参数如题图 9-12 所示，试计算按下琴键 S_1 时扬声器发出声音的频率。

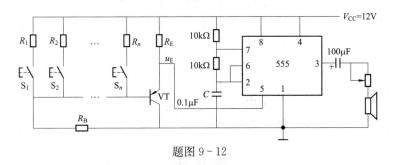

题图 9-12

4. 电路如题图 9-13 所示，已知电源电压 V_{CC} 的值为 12V，其他电路元件的参数如题图 9-13 所示。试计算输出电压的高频频率、低频频率以及其维持时间。

5. 题图 9-14 所示的 555 多谐振荡器电路中，欲在正常工作时获取 10kHz，脉宽比 t_W/T 为 0.6 的输出信号，试决定元件数值。（2007 年西北工业大学攻读硕士学位研究生入学试题）

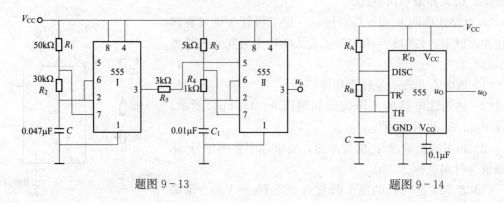

题图 9-13   题图 9-14

6. 题图 9-15（a）所示为一个由反相施密特触发器和 RC 构成的多谐振荡器，电源电压 5V，V_a、V_b 为电路中的两个测试点。题图 9-15（b）和题图 9-15（c）所示为该振荡器测试点处的电压波形，问哪一组波形是正确的（只能选一个答案）？（2005 年中国传媒大学攻读硕士学位研究生入学试题）

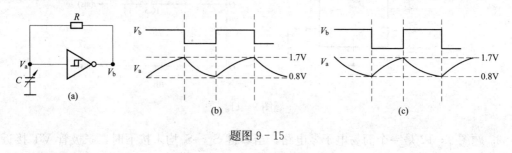

题图 9-15

7. 分析题图 9-16 所示电路的功能，并说明输入信号 u_I 影响输出信号 u_O 的哪一项参数？并用数学公式描述。（2006 年中国传媒大学攻读硕士学位研究生入学试题）

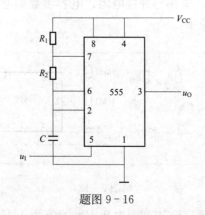

题图 9-16

8. 试用题图 9-17 所示的 555 定时器，设计一个多谐振荡器，要求输出信号的频率为 15kHz，占空比为 60%，设电源电压 $V_{CC}=12V$。（2013 年中国传媒大学攻读硕士学位研究生入学试题）

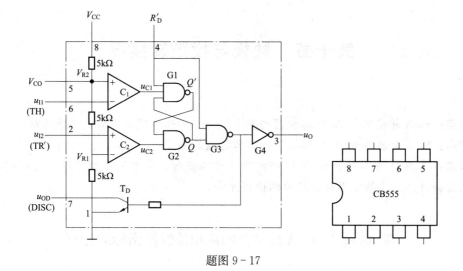

题图 9-17

第十章　数模与模数转换器

重点：D/A 转换器和 A/D 转换器的基本概念、工作原理及主要的性能指标。
难点：D/A 转换器和 A/D 转换器的工作原理及其应用。
要求：掌握 D/A 转换器和 A/D 转换器的基本概念，常见的典型电路工作原理，主要性能指标的计算，了解常用集成芯片的使用方法。

课题一　D/A 转换器的应用及性能指标的计算

 内容提要

目前常用的 D/A 转换器中，有权电阻网络 D/A 转换器、倒 T 形电阻网络 D/A 转换器、权电流型 D/A 转换器等几种类型。

倒 T 形电阻网络 D/A 转换器在应用中最为常见，n 位倒 T 形电阻网络 D/A 转换器如图 10-1 所示。

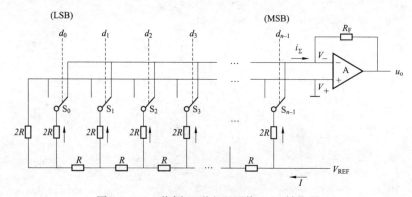

图 10-1　n 位倒 T 形电阻网络 D/A 转换器

若将运算放大器近似地看成是理想放大器，把模拟开关当作理想开关处理，则输出的模拟电压：

$$u_o = -R_F i_\Sigma$$
$$= -\frac{R_F V_{REF}}{2^n R}(2^{n-1}d_{n-1} + 2^{n-2}d_{n-2} + \cdots + 2^1 d_1 + 2^0 d_0)$$
$$= -\frac{R_F V_{REF}}{2^n R} D_n \tag{10-1}$$

式（10-1）说明输出的模拟电压与输入的数字量成正比。改变 V_{REF} 的极性可以改变输

出电压的极性，改变 R_F 阻值可以改变 D/A 转换的比例系数。

衡量 D/A 转换器的性能指标主要有以下几种：

（1）分辨率。用能分辨的最小输出电压与最大输出电压之比来定义分辨率

$$分辨率 = \frac{u_{\text{Omin}}}{u_{\text{Omax}}} = \frac{\dfrac{V_{\text{REF}}}{2^n}}{\dfrac{(2^n - 1)V_{\text{REF}}}{2^n}} = \frac{1}{2^n - 1} \tag{10-2}$$

（2）转换误差。转换误差主要指静态误差，它包括：非线性误差、比例系数误差和失调误差。在 D/A 转换器中，通常用分辨率和转换误差来描述转换精度。

（3）建立时间。描述 D/A 转换器转换速度的参数。是输入的数字量从全 0 变为全 1 时，输出电压达到满量程终值 $\left(误差范围 \pm \dfrac{1}{2}\text{LSB}\right)$ 所需的时间。

D/A 转换器主要的应用有组成波形发生器和组成增益可编程放大器。重点掌握 D/A 转换器组成波形发生器。分析给定的波形发生器电路的解题方法和步骤：

（1）找出 D/A 转换器输入的数字序列数值。

（2）算出与这些数字量对应的输出模拟电压数值。

（3）将这些模拟电压作为输出波形的幅值，按时间顺序画出波形，就得到了输出电压波形。

 **典型例题**

【例 10-1】 5 位二进制数倒 T 型电阻网络 D/A 转换器如图 10-2 所示，已知 $R = 10\text{k}\Omega$，$R_F = 10\text{k}\Omega$，$V_{\text{REF}} = 5\text{V}$，理想运算放大器 $V_{\text{OM}} = \pm 12\text{V}$。

（1）若输入数据 $d_4 d_3 d_2 d_1 d_0 = 11101$，试求此时 D/A 转换器的输出电压值。

（2）若图中 $d_4 = 0$，d_3，d_2，d_1，d_0 与 74LS160 计数器输出 Q_3，Q_2，Q_1，Q_0 对应下标编号端相连，试画出在 10 个 CLK 计数脉冲的作用下，电路正常工作状态下的输出电压波形。

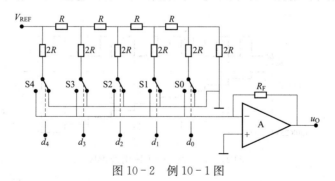

图 10-2 例 10-1 图

解 分析解题过程如下：

（1）n 位输入的倒 T 形 D/A 转换器的输出电压表达式

$$u_o = -\frac{R_F V_{REF}}{2^n R}(2^{n-1}d_{n-1} + 2^{n-2}d_{n-2} + \cdots + 2^1 d_1 + 2^0 d_0)$$

$$= -\frac{R_F V_{REF}}{2^n R}D_n$$

如图 10-2 所示，电路为 5 位输入的倒 T 形 D/A 转换器，即 $n=5$，$d_4 d_3 d_2 d_1 d_0 = 11101$，将数据代入上式得

$$u_o = -\frac{10 \times 5}{2^5 \times 10} \times (2^4 + 2^3 + 2^2 + 2^0)$$

$$= -4.53125V$$

(2) 如果图 10-2 所示的电路中 d_3，d_2，d_1，d_0（$d_4 = 0$）与 74LS160 计数器输出 Q_3，Q_2，Q_1，Q_0 对应下标编号端相连，在 10 个 CLK 计数脉冲的作用下，d_4，d_3，d_2，d_1，d_0 输入数据依次从 00000～01001 变化，电路的输入数据最低位每增加 1，输出电压增加 0.15625V，所以电路正常工作状态下的对应输出电压值见表 10-1，根据表 10-1 输出电压值，画出输出电压波形如图 10-3 所示。

表 10-1　　　　　　　　　　　　　输 出 电 压 值

| CLK | 0 | Q_3 | Q_2 | Q_1 | Q_0 | u_o/V |
	d_4	d_3	d_2	d_1	d_0	
0	0	0	0	0	0	0
1	0	0	0	0	1	-0.15625
2	0	0	0	1	0	-0.3125
3	0	0	0	1	1	-0.46875
4	0	0	1	0	0	-0.625
5	0	0	1	0	1	-0.78125
6	0	0	1	1	0	-0.9375
7	0	0	1	1	1	-1.09375
8	0	1	0	0	0	-1.25
9	0	1	0	0	1	-1.40625

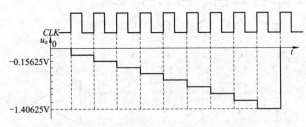

图 10-3　例 10-1 输出波形图

【解题指导与点评】 在 D/A 转换器中，倒 T 型电阻网络 D/A 转换器应用是最为常用的，要将其电路构成及输出模拟电压计算公式掌握。在 D/A 转换器的应用中，分析给定的波形发生器电路也是常见题目，需要掌握其解题步骤，从而能画出正确的输出波形。在本题

中还用到了时序电路中的集成芯片 74LS160，它是十进制加计数器，计数范围是 0000～1001。

【例 10-2】 在图 10-4 所示的倒 T 形电阻网络 D/A 转换器中，外接参考电压 $V_{REF}=$ 10V。为保证 V_{REF} 偏离标准值所引起的误差小于 $\frac{1}{2}$LSB，试计算 V_{REF} 的相对稳定度应取多少？允许 V_{REF} 有多大范围的波动？

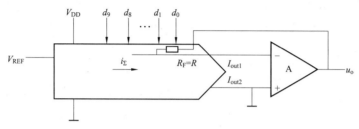

图 10-4　例 10-2 图

解　倒 T 形电阻网络 D/A 转换器输出的模拟电压

$$u_o = -\frac{R_F V_{REF}}{2^n R} D_n$$

由上式可以看到，D/A 转换器的输出电压 u_O 是和参考电压 V_{REF} 有关的，因此，V_{REF} 的波动 ΔV_{REF} 将引起 u_O 的波动 Δu_O。为保证 V_{REF} 偏离标准值所引起的误差小于 $\frac{1}{2}$LSB，则要求

$$\Delta u_O \leqslant \frac{1}{2}\text{LSB}$$

由图 10-4 可知 $R_F = R$，根据倒 T 形电阻网络 D/A 转换器输出的模拟电压公式，可得

$$\Delta u_O = -\frac{\Delta V_{REF}}{2^n} D_n$$

$$\frac{1}{2}\text{LSB} = \frac{1}{2} \cdot \frac{|V_{REF}|}{2^n} \cdot 1 = \frac{|V_{REF}|}{2^{n+1}}$$

由于 $n=10$，在输入数字量最大时（所有各位全为 1）Δu_O 最大，可得

$$|\Delta u_O| = \frac{|\Delta V_{REF}|}{2^n} \times (2^n - 1) = \frac{(2^{10}-1)}{2^{10}} \times |\Delta V_{REF}|$$

$$\frac{1}{2}\text{LSB} = \frac{|V_{REF}|}{2^{11}}$$

根据题意可得

$$\frac{(2^{10}-1)}{2^{10}} \times |\Delta V_{REF}| \leqslant \frac{|V_{REF}|}{2^{11}}$$

根据上式整理可得 V_{REF} 的相对稳定度

$$\frac{|\Delta V_{REF}|}{|V_{REF}|} \leqslant \frac{2^{10}}{2^{11} \cdot (2^{10}-1)} \approx 0.05\%$$

允许 V_{REF} 的波动范围为

$$\left|\Delta V_{\mathrm{REF}}\right| \leqslant \frac{\left|V_{\mathrm{REF}}\right| \cdot 2^{10}}{2^{11} \cdot (2^{10}-1)} \approx 5\mathrm{mV}$$

【解题指导与点评】　本题考查的知识点是倒 T 形电阻网络 D/A 转换器参考电压稳定度的计算。首先掌握倒 T 形电阻网络 D/A 转换器输出的模拟电压公式，然后根据此公式分别求出 Δu_{o} 和 $\frac{1}{2}\mathrm{LSB}$，最后根据两者关系式，求出 V_{REF} 的相对稳定度。若 n 足够大，并且在 $R_{\mathrm{F}}=R$ 的条件下，可得 V_{REF} 的相对稳定度：

$$\frac{\left|\Delta V_{\mathrm{REF}}\right|}{\left|V_{\mathrm{REF}}\right|} \leqslant \frac{1}{2^{n+1}} \tag{10-3}$$

 自测题

一、选择题

1. 在 8 位 D/A 转换器中，当输入数字量只有最低位为 1 时，输出电压为 0.02V，若输入数字量只有最高位为 1 时，则输出电压为（　　）V。

A. 0.039　　　　　　B. 2.56　　　　　　C. 1.27　　　　　　D. 都不是

2. D/A 转换器的主要参数有（　　）、转换精度和转换速度。

A. 分辨率　　　　　B. 输入电阻　　　　C. 输出电阻　　　　D. 参考电压

3. 在 D/A 转换电路中，当输入全部为"0"时，输出电压等于（　　）。

A. 电源电压　　　　B. 0　　　　　　　　C. 基准电压　　　　D. 都不是

4. 在 D/A 转换电路中，数字量的位数越多，分辨输出最小电压的能力（　　）。

A. 越稳定　　　　　B. 越不稳定　　　　C. 越强　　　　　　D. 越弱

二、填空题

1. 将数字信号转换为模拟信号，应选用_____。

2. 理想的 D/A 转换器的转换特性应是使输出模拟量与输入数字量成_____，转换精度是指 D/A 转换器输出的实际值和理论值_____。

三、简答题

1. 4 位数据输入的倒 T 型电阻网络 D/A 转换器如题图 10-1 所示，已知输入数据 $d_3 d_2 d_1 d_0=1010$，$R=10\mathrm{k}\Omega$，$R_{\mathrm{F}}=20\mathrm{k}\Omega$，$V_{\mathrm{REF}}=5\mathrm{V}$，求电路的输出电压值。

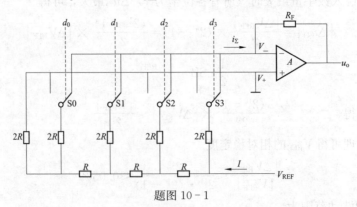

题图 10-1

2. 在 10 位二进制 D/A 转换器中，已知其最大满刻度输出模拟电压 $V_{omax}=5V$，求最小分辨电压 V_{omin} 和分辨率。

3. 在输入为 12 位的倒 T 形电阻网络 D/A 转换器中，若参考电压 $V_{REF}=10V$，为了保证输入最低位为有效位 1，V_{REF} 的相对稳定度应为多少？允许 V_{REF} 有多大范围的波动？

4. D/A 转换器可能存在哪几种转换误差？试分析误差的特点及其误差产生的原因。

 习题精选

1. 在一个 6 位权电阻网络 D/A 转换电路中，如果 $V_{REF}=-10V$，$R_F=\dfrac{1}{2}R$，试求：

(1) 当 $D_n=000001$ 时，输出电压的值。

(2) 当 $D_n=110101$ 时，输出电压的值。

(3) 当 $D_n=111111$ 时，输出电压的值。

2. 对于一个 8 位 D/A 转换器，试回答以下问题：

(1) 若最小输出电压增量为 0.02V，试问输入代码为 01001101 时，输出电压 u_O 为多少？

(2) 若分辨率用百分数表示，则应该是多少？

(3) 若某一系统中要求 D/A 转换器的理论精度小于 25%，试问这个 D/A 转换器能否使用？

3. 题图 10-2 所示电路是用 CB7520 和同步十六进制计数器 74LS161 组成的波形发生器电路。已知 CB7520 的 $V_{REF}=-10V$，试画出输出电压 u_O 的波形，并标出波形图上各点电压的幅度。CB7520 为采用倒 T 形电阻网络的单片集成 D/A 转换器，它的输入为 10 位二进制数。

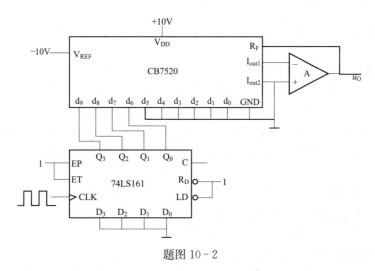

题图 10-2

4. 由 555 定时器、3 位二进制加法计数器、理想运算放大器 A 构成如题图 10-3 所示电路，若计数器初始状态为 000，且输出低电平 $V_{OL}=0V$，输出高电平 $V_{OH}=3.2V$，R_D 为异步清零端，高电平有效。

(1) 说明虚框（1）、（2）部分各构成什么功能电路？

（2）虚框（3）构成的是几进制计数器？

（3）对应 CLK 画出 u_O 的波形，并标出电压值。

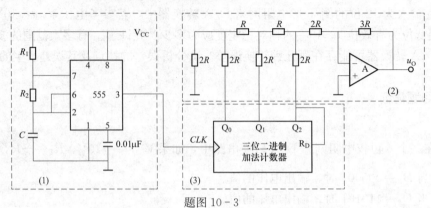

题图 10-3

5. 一个十位二进制 D/A 转换器在输入 0000110001 时的输出电压为 0.08V，求当输入 0010010011 时的输出电压。（2004 年华南理工大学攻读硕士学位研究生入学试题）

6. 某十位 D/A 转换器在输入 0001100010 时的输出电压为 0.16V，求当输入 0110001000 时的输出电压。（2005 年华南理工大学攻读硕士学位研究生入学试题）

7. 有一个 6 位的 D/A 转换器，设满幅度输出为 6.3V，若输入数字量为 110111，则输出模拟电压为多少伏特？（2009 年中国传媒大学攻读硕士学位研究生入学试题）

课题二　**A/D 转换器的编码方式和性能指标的计算**

内容提要

A/D 转换器的功能是把模拟信号转换为与之成正比的数字量。所以 A/D 转换过程首先对输入模拟电压信号进行取样，然后保持并将取样电压量化为数字量，并按一定的编码形式给出转换结果。

将输入模拟电压信号划分为不同的量化等级时，通常有两种方法，一种是只舍不入法，另一种是四舍五入法。由于后者的量化误差比前者小，所以大多数 A/D 转换器采用四舍五入的量化方式。

常用的 A/D 转换器有并联比较型、逐次渐近型、双积分型等。逐次渐近型 A/D 转换器是最常用的，主要是因为它有优越的性价比，在分辨率、转换速度、转换精度上提供了非常好的性能指标。

A/D 转换器的主要技术指标如下。

（1）分辨率，分辨率是指 A/D 转换器能分辨的模拟输入信号的最小变化量或最小量化单位。

$$分辨率 = \frac{1}{2^n} FSR \qquad (10-4)$$

FSR 是输入电压满量程刻度。A/D 转换器输出位数越多，量化单位越小，分辨率越高。

（2）转换误差。表示 A/D 转换器实际输出的数字量和理论上应有的输出数字量之间的差别。

（3）转换时间和转换率。完成一次 A/D 转换所需的时间被称为转换时间，转换时间的倒数称为转换率。A/D 转换器的转换时间与转换电路的类型有关。并联比较型 A/D 转换器转换速率最高，逐次渐近型 A/D 转换器次之，两者都属于直接 A/D 转换器。间接 A/D 转换器的速度最慢，如双积分型 A/D 转换器。

 典型例题

【例 10 - 3】 某 8 位 A/D 转换器电路，输入模拟电压满量程为 10V，当输入下列电压值时，转换为多大的数字量。请分别采用只舍不入法和四舍五入法的编码方式。

（1）59.7mV　（2）3.46V　（3）7.08V

解　8 位 ADC 电路输入模拟电压满量程为 10V 时，则量化单位为

$$\Delta = \frac{10}{2^8} = 39\text{mV}$$

（1）59.7mV　　$\frac{59.7}{39} = 1.53$

采用只舍不入法：1.53＝1　　对应 8 位二进制：0000 0001
采用四舍五入法：1.53＝2　　对应 8 位二进制：0000 0010

（2）3.46V　　$\frac{3460}{39} = 88.71$

采用只舍不入法：88.71＝88　　对应 8 位二进制：0101 1000
采用四舍五入法：88.71＝89　　对应 8 位二进制：0101 1001

（3）7.08V　　$\frac{7080}{39} = 181.53$

采用只舍不入法：181.53＝181　　对应 8 位二进制：1011 0101
采用四舍五入法：181.53＝182　　对应 8 位二进制：1011 0110

【解题指导与点评】　本题考查的知识点是 A/D 转换器量化和编码的方法。首先求出最小的量化单位 Δ，即数字信号最低有效位（LSB）为 1 时所代表的数量大小；然后将输入的电压值与 Δ 相除，根据所采用的编码方式（只舍不入或四舍五入），将所得结果转换为二进制编码。

【例 10 - 4】　满量程为 10V 的 A/D 转换器，要达到 1mV 的分辨率，A/D 转换器的位数应是多少？当输入模拟电压为 6.5V 时，若采用四舍五入的编码方式，则输出数字量是多少？

解　由题可知分辨率为 1mV，$FSR = 10V$，将数据代入式（10 - 4）

$$分辨率 = \frac{1}{2^n} FSR$$

得到：$0.001 = \frac{1}{2^n} \times 10$，公式变换得：$2^n = \frac{10}{0.001} = 10000$

根据公式求得应选用 14 位的 A/D 转换器。

若选用 14 位的 A/D 转换器，则实际的分辨率 $=\dfrac{FSR}{2^n}=\dfrac{10}{2^{14}}=0.61\text{mV}$，所以当输入模拟电压为 6.5V 时，输出的数字量为：$\dfrac{6500}{0.61}=10655.7=10656$，转换后的二进制数为 10 1001 1010 0000。

【解题指导与点评】 本题考查的知识点是 A/D 转换器分辨率的求法及编码方法。掌握分辨率与 A/D 转换器输出位数、FSR 之间的关系。对于 A/D 转换器来说，输出位数越多，量化单位越小，分辨率也就越高。

自测题

一、填空题

1. A/D 转换器的转换过程，可分为采样、保持及_____和_____四个步骤。

2. A/D 转换器的功能是将_____信号转换成_____信号。

3. 就逐次渐近型和双积分型两种 A/D 转换器而言，_____的抗干扰能力强，_____的转换速度快。

4. A/D 转换器的主要技术指标是_____、转换误差和转换速度。

二、选择题

1. 在 A/D 转换电路中，输出的数字量与输入的模拟电压之间（   ）关系。

  A. 成正比   B. 成反比   C. 相等   D. 无

2. 双积分型 A/D 转换器的缺点是（   ）。

  A. 转换速度较慢   B. 转换时间不固定

  C. 对元件稳定性要求较高   D. 电路较复杂

3. A/D 转换器的最小量化单位是 Δ，若采用只舍不入法对采样值量化编码，则量化误差是（   ）。

  A. $\dfrac{1}{2}\Delta$ B. Δ C. $\dfrac{3}{2}\Delta$ D. 2Δ

三、简答题

1. 一个 12 位 A/D 转换器，它的输入满量程 $FSR=10\text{V}$，试计算其分辨率。

2. 什么是量化误差？它是怎样产生的？

3. 比较并联比较型 A/D 转换器、逐次渐近型 A/D 转换器和双积分型 A/D 转换器的优缺点，指出它们各适用于哪些情况。

习题精选

1. 对于一个 10 位逐次渐近型 A/D 转换器，若时钟频率为 1MHz 时，试计算转换器的最大转换时间是多少？

2. 在某双积分型 A/D 转换器中，计数器为十进制计数器，其最大计数容量为 $(3000)_{10}$，已知计数时钟频率 $f_C=30\text{kHz}$，积分器中 $R=100\text{k}\Omega$，$C=1\mu\text{F}$，输入电压 u_I 的

变化范围为 0～5V，试求：

（1）第一次积分时间 T_1；

（2）求积分器的最大输出电压 $|V_{Omax}|$。

3. A/D 转换器中取量化单位为 Δ，把 0～10V 的模拟电压信号转换为 3 位二进制代码，若最大量化误差为 Δ，要求在题表 10‑1 中填写与二进制代码对应的模拟电压值，并指出 Δ 的值。

题表 10‑1

二进制代码	模拟电压
000	
001	
010	
011	
100	
101	
110	
111	

4. 某数字音频系统中的输入音频信号最高频率为 15kHz，为使通过 A/D 转换器和 D/A 转换器之后的模拟音频信号的波形不失真，求 A/D 转换的最大转换时间。（2004 年华南理工大学攻读硕士学位研究生入学试题）

5. 某 8 位双积分 A/D 转换器的时钟频率 100kHz，求其最大的转换时间。（2005 年华南理工大学攻读硕士学位研究生入学试题）

6. 对一个 10 位的逐次渐近式 A/D 转化器，当时钟频率为 12MHz 时，其转换时间是多少？（2000 年中国传媒大学攻读硕士学位研究生入学试题）

7. A/D 转换器的工作原理（工作模式）有多种，试写出四种_____、_____、_____、_____。（2001 年中国传媒大学攻读硕士学位研究生入学试题）

8. 与并行比较式 A/D 转换器相比较，逐次渐近型 A/D 转化器的特点是：精度_____（高，低），速度_____（快，慢）。（2002 年中国传媒大学攻读硕士学位研究生入学试题）

9. 一个 8bit 的 A/D 转换器，其满幅度输入为 10V，问，该 A/D 转换器的分辨率是多少伏？写出表达式即可。（2005 年中国传媒大学攻读硕士学位研究生入学试题）

10. A/D 转换的基本步骤是_____。（2009 年中国传媒大学攻读硕士学位研究生入学试题）

11. 对于 8 位 A/D 转换器，其转换精度为_____。（2010 年北京邮电大学攻读硕士学位研究生入学试题）

附录 A　样 卷 与 参 考 答 案

样卷一　河北科技大学理工学院 2011—2012 学年第二学期

数字电子技术基础期末考试试卷

一、填空题（每空 1 分，共 15 分）

1. $(57)_{10} = ($ 　　　　 $)_2 = ($ 　　　　 $)_{16} = ($ 　　　　 $)_{BCD}$，$(-10101)_2$ 的原码为
（ 　　　　 ），补码为 （ 　　　　 ）。

2. 四变量逻辑函数的最小项共有 （ 　　 ） 个，全体最小项之和为 （ 　　 ）。

3. 逻辑函数 $Y(A, B, C) = \sum m(0, 2, 4, 6)$ 时，则 $Y(A, B, C) = \Pi M ($ 　　　　 $)$。

4. 按触发方式分，触发器可分为电平触发器、（ 　　 ） 触发器和 （ 　　 ） 触发器。

5. $A \oplus 0 = ($ 　　　　 $)$，$A \oplus 1 = ($ 　　　　 $)$。

6. 单稳态触发器中，两个状态一个是 （ 　　　 ） 态，另一个是 （ 　　　 ） 态。

7. 三态门输出有三种状态：高电平、低电平和 （ 　　　 ） 态。

二、单项选择题（每题 1 分，共 10 分，将正确答案写在题前括号里）

1. 下列 （ 　 ） 电路可以实现线与功能。

　　A. 与非门　　　　　　　　　　　　B. OD 门

　　C. 或非门　　　　　　　　　　　　D. 非门

2. 具有置 0、置 1、保持、翻转四种功能的触发器是 （ 　　 ）。

　　A. SR 触发器　　　　　　　　　　B. JK 触发器

　　C. D 触发器　　　　　　　　　　　D. T 触发器

3. 下列 （ 　 ） 电路不是组合逻辑电路。

　　A. 计数器　　　　　　　　　　　　B. 编码器

　　C. 译码器　　　　　　　　　　　　D. 数据选择器

4. 附图 A-1 所示电路的次态方程 Q^* 为 （ 　　 ）。

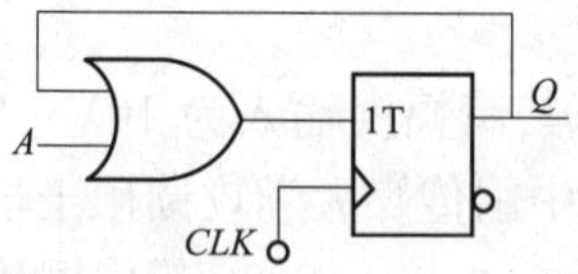

附图 A-1

　　A. A　　　　　　　　　　　　　　C. Q

　　B. 0　　　　　　　　　　　　　　D. AQ'

5. 电源电压为 +12V 的 555 定时器，组成施密特触发器，V_{CO} 端接 9V 电压，则该触发器的回差电压 ΔV_T 为 （ 　　 ）。

　　A. 3V　　　　　　　　　　　　　　B. 4V

　　C. 4.5V　　　　　　　　　　　　D. 6V

6. 下列（　　）电路常用于脉冲整形。

　　A. SR 触发器　　　　　　　　　B. JK 触发器

　　C. 施密特触发器　　　　　　　　D. 多谐振荡器

7. 要构成 13 进制计数器，至少需要（　　）个触发器。

　　A. 4　　　　　　B. 3　　　　　　C. 13　　　　　　D. 2

8. 已知某 CMOS 门电路的参数如下：$V_{OH(min)} = 4.95V$，$V_{OL(max)} = 0.05V$，$V_{IH(min)} = 4.0V$，$V_{IL(max)} = 1.0V$。则该门电路输入为高电平的噪声容限 V_{NH} 和输入为低电平的噪声容限 V_{NL} 电平分别为（　　）。

　　A. 4.9V，3V　　　　　　　　　　B. 0.95V，0.95V

　　C. 5.0V，5.0V　　　　　　　　　D. 3.95V，3.95V

9. 时序逻辑电路中一定含有（　　）。

　　A. 触发器　　　　　　　　　　　B. 组合逻辑电路

　　C. 计数器　　　　　　　　　　　D. 译码器

10. 对于 TTL 与非门闲置输入端的处理，错误的是（　　）。

　　A. 接电源　　　　　　　　　　　B. 通过 $3k\Omega$ 电阻接电源

　　C. 接地　　　　　　　　　　　　D. 悬空

三、（10 分）化简下列函数为最简与或式

1. $Y_1(A, B, C,) = A' + ABC + (BC)'$。

2. $Y_2(A, B, C, D) = \sum m(1, 7, 9, 11, 12, 13)$，约束条件为 $\sum d(3, 4, 5, 10, 14, 15)$。

四、分析题（共 30 分）

1. 分析附图 A-2 所示电路，列出真值表，写出逻辑函数式并化简为最简与或式。（6 分）

2. 分析附图 A-3 所示电路的逻辑功能，写出输出的逻辑函数式。（5 分）

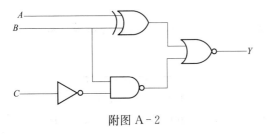
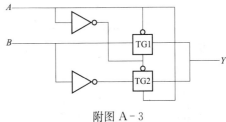

附图 A-2　　　　　　　　　　　　　　　附图 A-3

　　3. 分析附图 A-4 所示的同步时序逻辑电路的功能，写出电路的驱动方程、状态方程、输出方程，画出状态转换图，说明电路能否自启动。（10 分）

　　4. 555 定时器构成的电路如附图 A-5 所示。（9 分）

　　（1）图中 555 定时器构成何种电路？

　　（2）写出输出 u_O 的周期表达式。

　　（3）为了提高电路的稳定性，说明脚 5 一般如何处理，并在图中画出。

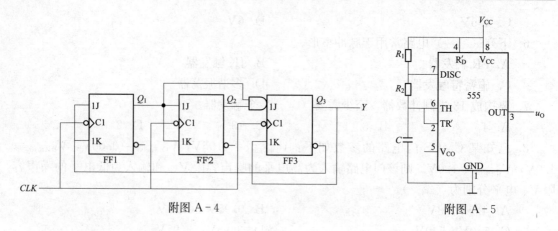

附图 A-4　　　　　　　　　　　　　　附图 A-5

五、设计题（共 23 分）

1. 已知某函数的真值表见附表 A-1。试用 74HC153 实现该函数，写出必要步骤，并画出电路，附图 A-6 中 153 的地址输入端 A_1A_0 已指定。（6 分）

2. 用附图 A-7 所示的 74160 及必要的门电路组成七进制计数器，计数范围为 1～7。（4 分）

附表 A-1		真值表	
A	B	C	Y
0	0	0	0
0	0	1	1
0	1	0	1
0	1	1	0
1	0	0	1
1	0	1	0
1	1	0	0
1	1	1	0

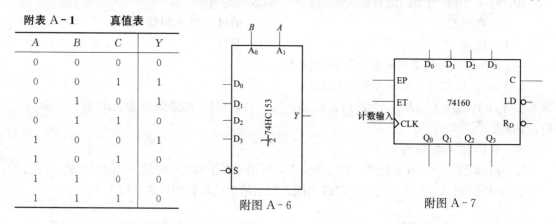

附图 A-6　　　　　　　　　　　　附图 A-7

3. 用附图 A-8 中的两片 74LS160 及少量与非门组成三十二进制计数器，要求用清零法。（5 分）

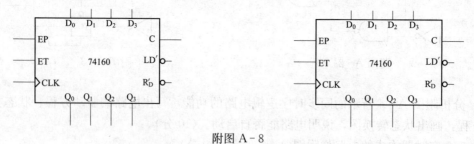

附图 A-8

4. 试用附图 A-9 所示 3 线-8 线译码器 74HC138 和必要的门电路产生如下多输出逻辑函数。要求：（1）写出表达式的转换过程；（2）在给定的逻辑符号图上完成逻辑电路图。（8 分）

$$\begin{cases} Y_1 = A'B' + A'C' \\ Y_2 = AB + AC \end{cases}$$

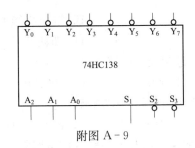

附图 A-9

六、画图题（共 12 分）

1. 分别将与非门、或非门、异或门当作非门使用时，应如何连接，请在附图 A-10 中画出连接方法。（6 分）

附图 A-10

2. 画出附图 A-11 所示的 3 个触发器 Q 输出端的输出波形（触发器初态为 0）。（6 分）

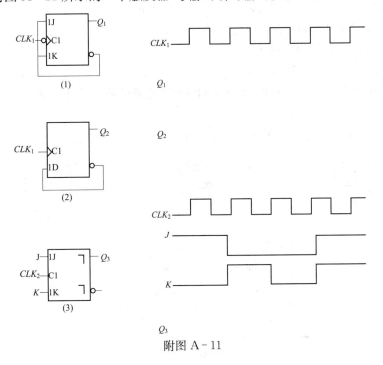

附图 A-11

样卷二　北京科技大学 2010 年硕士学位研究生入学考试试题

电子技术（数字部分）试卷

一、单项选择题

1. 和 TTL 电路相比，CMOS 电路最突出的优势在于（　　）。

A. 可靠性高　　　　　　　　　　B. 抗干扰能力强

C. 速度快　　　　　　　　　　　D. 功耗低

2. 将十进制数 36 转换为二进制数，应该是（　　）。

　　A. 11011010　　　B. 111000　　　C. 100100　　　D. 101010

3. 与 $F=A'B+BC'+AC$ 功能相同的逻辑函数是（　　）。

　　A. $F=C+AB$　　B. $F=B+AC$　　C. $F=A+BC$　　D. $F=A+B+C$

4. 可以将输出端直接并联实现"线与"逻辑的门电路是（　　）。

　　A. 三态输出的门电路　　　　　　B. 推拉式输出结构的 TTL 门电路

　　C. 集电极开路输出的 TTL 门电路　D. 互补输出结构的 CMOS 门电路

5. 容量为 8K×16 位的 ROM 共有（　　）条地址线。

　　A. 13　　　　　B. 14　　　　　C. 8　　　　　D. 16

6. 为了把串行输入的数据转换为并行输出的数据，可以使用（　　）。

　　A. 寄存器　　　B. 移位寄存器　　C. 计数器　　　D. 存储器

7. 一个 12 位的逐次逼近式 A/D 转换器，参考电压为 4.096V，其量化单位为（　　）。

　　A. 1mV　　　　B. 2mV　　　　C. 4mV　　　　D. 8mV

8. 一个 8 位 T 形电阻网络数模转换器，已知 $R_f=R/2$，$U_R=-10V$，当输入数字量 $d_7 \sim d_0 = 10100000$ 时，输出电压为（　　）V。

　　A. 7.25　　　　B. 7.50　　　　C. 6.25　　　　D. 6.75

二、指出附图 A-12 中 74HC 系列 CMOS 门电路的输出状态（低电平？高电平？高阻态？）。

Y_1_____；Y_2_____；Y_3_____；Y_4_____；Y_5_____。

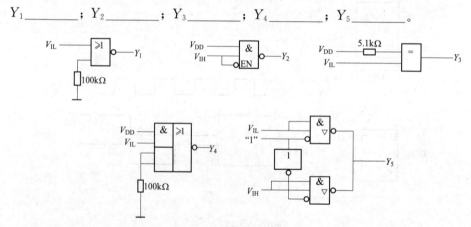

附图 A-12

三、附图 A-13 是用两片同步十六进制计数器 74LS161 构成的计数器。试回答该图接成的是几进制计数器？是同步计数器还是异步计数器？说明理由。

四、画出附图 A-14 中各触发器输出端的电压波形。输入电压波形已在图中给出。触发器的初始状态均为 $Q=0$。

五、试分析附图 A-15 给出的逻辑电路，写出各输出端的逻辑式，列出 Y_1 和 Y_2 的真值表。说明该电路能实现什么逻辑功能？

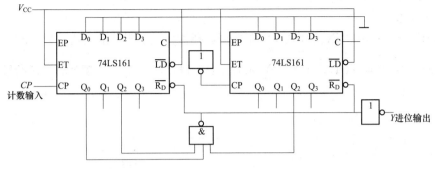

附图 A-13

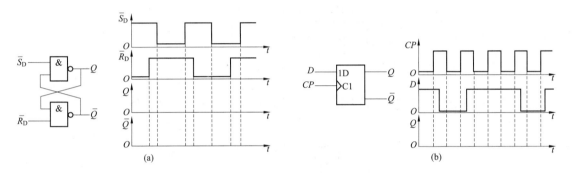

附图 A-14

（a）基本 RS 触发器；（b）维持阻塞结构 D 触发器

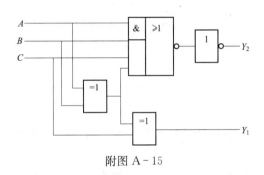

附图 A-15

样卷三　山东科技大学 2010 年招收硕士学位研究生入学考试

电子技术（数字部分）试卷

一、计算题

1. $Y=(AB')'+A'CD+(B+C')'+D$ 　（代数法）

2. $Y=AB+AC+ABC$ 　（代数法）

3. $Y=ABD+C'D'+A'CD'$ 　（卡诺图法）

4. $Y(A，B，C，D) = \sum(m_0 + m_5 + m_8 + m_9)$ （卡诺图法）

二、分析题

1. 附图 A-16 中 MUX 为 4 选 1 多路数据选择器，其逻辑功能表达式为：$EN' = 1$ 时，$Y = 0$；$EN' = 0$ 时，$Y = f(A_1，A_0) = \sum\limits_{i=0}^{3} m_i D_i$，试分析该电路，写出逻辑函数 F 的最简与或式。

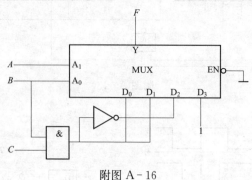

附图 A-16

2. 试分析附图 A-17 所示同步计数器电路，并确定其最大计数模值。

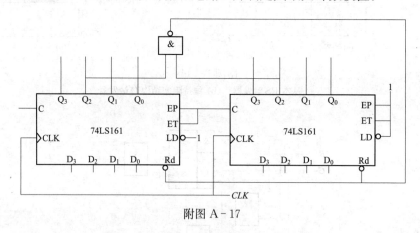

附图 A-17

三、附图 A-18 所示为掩膜 ROM 电路。当 $A_1 A_0 = 11$，$EN' = 0$ 时，写出 $D_3 D_2 D_1 D_0$ 存储的数据。

四、已知 D/A 转换器如附图 A-19 所示，试求：

1. 写出 u_O 关系式；

2. 当 $u_O = -10V$ 时，数字量是多少。

五、说明附图 A-20 所示用 555 定时器构成的电路功能。求出 U_{T+}、U_{T-}、ΔU_T，并画出其输出波形。

六、设计题

试用 74LS161 设计一种八进制计数器，完成附图 A-21 所示计数循环。

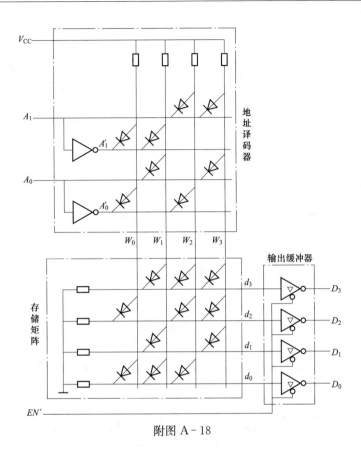

附图 A-18

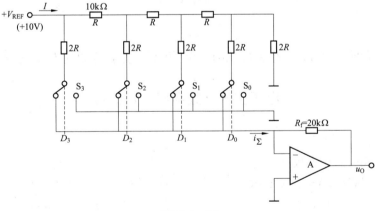

附图 A-19

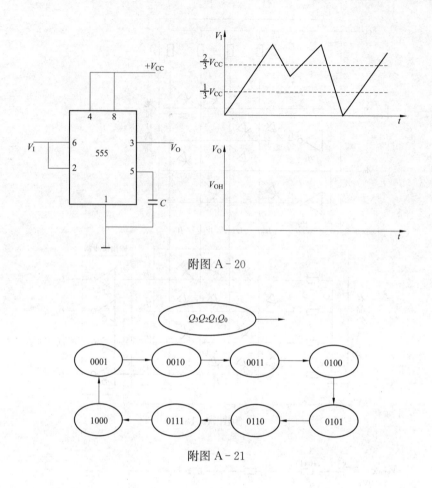

附图 A‐20

附图 A‐21

样卷四　浙江工业大学 2011 年招收硕士学位研究生入学考试

电子技术（数字部分）试卷

一、选择题

1. 下列逻辑等式中不成立的有（　　　）。

　　A. $A+BC=(A+B)(A+C)$　　　　　　B. $AB+AB'+A'B=1$

　　C. $A'+B'+AB=1$　　　　　　　　　D. $A(ABC)'=A(BD)'$

2. 门电路参数由大到小排列正确的是（　　　）。

　　A. $V_{OH(min)}$、$V_{IH(min)}$、$V_{IL(max)}$、$V_{OL(max)}$　　　B. $V_{IH(min)}$、$V_{OH(min)}$、$V_{OL(max)}$、$V_{IL(max)}$

　　C. $V_{OH(min)}$、$V_{IH(min)}$、$V_{OL(max)}$、$V_{IL(max)}$　　　D. $V_{IH(min)}$、$V_{OH(min)}$、$V_{IL(max)}$、$V_{OL(max)}$

3. 关于半导体存储器的描述，下列哪种说法是错误的（　　　）。

　　A. RAM 读写方便，但一旦掉电，所存储的内容就会全部丢失

　　B. ROM 掉电以后数据不会丢失

　　C. RAM 可分为静态 RAM 和动态 RAM

D. 动态 RAM 不必定时刷新

4. 如附图 A-22 所示的单稳态触发器电路中，为加大输出脉冲宽度，可采取下列措施中的哪条（　　）。

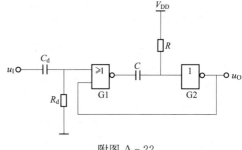

附图 A-22

A. 加大 R_d

B. 加大 R

C. 提高 V_{DD}

D. 增加输入脉冲的宽度

5. 附图 A-23 所示 R-2R 网络型 D/A 转换器的转换公式为（　　）。

A. $u_O = -\dfrac{V_{REF}}{2^3} \sum\limits_{i=0}^{3} D_i \times 2^i$

B. $u_O = -\dfrac{2}{3} \dfrac{V_{REF}}{2^4} \sum\limits_{i=0}^{3} D_i \times 2^i$

C. $u_O = -\dfrac{V_{REF}}{2^4} \sum\limits_{i=0}^{3} D_i \times 2^i$

D. $u_O = \dfrac{V_{REF}}{2^3} \sum\limits_{i=0}^{3} D_i \times 2^i$

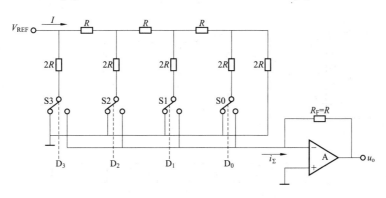

附图 A-23

二、填空题

1. $(1011111.01101)_2 = ($　　　　$)_8 = ($　　　　$)_{10}$

2. $Y = ABC + C' + ABDE$ 的最简与或式为 $Y = ($　　　　$)$。

3. 门电路采用推拉式输出的主要优点是（　　　　）。

4. 就逐次逼近型和双积分型两种 A/D 转换器而言，（　　　　）的抗干扰能力强，（　　　　）的转换速度快。

三、分析设计题

1. 试用一片 3 线-8 线译码器和最少的门电路设计一个奇偶校验器，要求当 4 个变量（A、B、C、D）中有偶数个 1 时输出为 1，否则为 0。（$ABCD$ 为 0000 时视作偶数个 1）。3 线-8 线译码器的逻辑符号如附图 A-24 所示。列出分析过程，画出逻辑图。

2. 分析附图 A-25 所示电路，要求：

(1) 写出 JK 触发器的驱动方程；

(2) 用 X、Y、Q 作变量，写出 P 和 Q^* 的函数表达式；

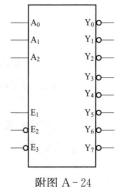

附图 A-24

（3）列出真值表，说明电路完成何种逻辑功能。

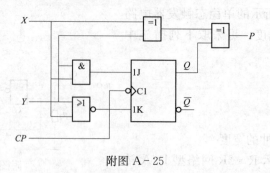

附图 A-25

四、综合题

试用附图 A-26（a）所示的元件实现附图 A-26（b）的功能，要求发光二极管亮 3s 暗 4s，…，周期性的重复。允许使用电阻、电容元件和必要的逻辑门。画出原理图，计算电阻、电容元件参数。

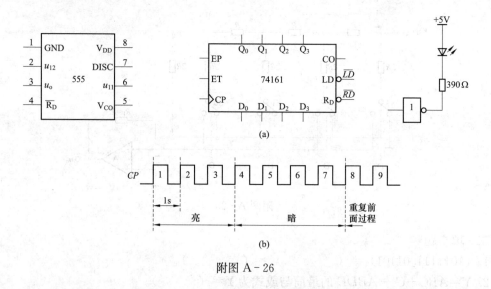

附图 A-26

样卷五　沈阳工业大学 2011 年硕士研究生招生考试试题

电子技术（数字部分）

一、完成下列要求

1. 用公式法求最简与或式
$$Y_1(A, B, C) = ABC + A'B + ABC'$$

2. 用卡诺图法求最简与或式
$$Y_2(A, B, C, D) = \sum m(2, 4, 6, 7, 12, 15) + \sum d(0, 1, 3, 8, 9, 11)$$

3. 列出函数 $\begin{cases} Y_1 = AB' + BC' + A'C \\ Y_2 = A'B + B'C + AC' \end{cases}$ 的真值表，说明 Y_1 和 Y_2 有何关系。

4. 根据附图 A-27 画波形图并写出触发器的特性方程。设触发器的初始状态为 $Q=0$。

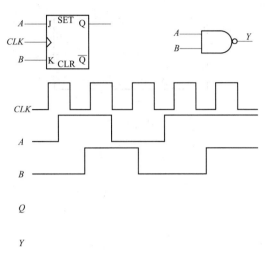

附图 A-27

二、用门电路设计一个多输出组合逻辑电路，它的输入是三位二进制数 $D = D_2 D_1 D_0$，输出定义为：

当 D 中没有 1 时 $Y_1 = 1$；当 D 中有两个 1 时 $Y_2 = 1$。

三、用附图 A-28 所示的 8 选 1 数据选择器 74HC151 实现逻辑函数 $Z = A'B'C + AB'C' + BC$。

四、分析附图 A-29 所示的时序逻辑电路。要求：

1. 写出驱动方程和输出方程；

2. 求出状态方程；

3. 列出状态转换真值表；

4. 做出状态转换图；

5. 指出电路的逻辑功能。

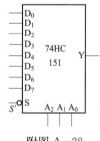

附图 A-28

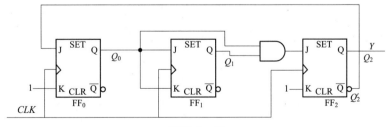

附图 A-29

五、附图 A-30 为同步十六进制计数器 74LS161，试用同步复位法（LD′ 端）将其接成十二进制计数器，其中置入的数据 $D_3 D_2 D_1 D_0 = 0000$。要求：

1. 做状态转换图；

2. 求 LD' 端同步复位逻辑；

3. 画出逻辑电路图。

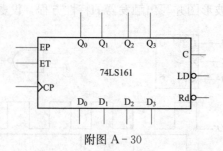

附图 A - 30

样卷一参考答案

一、

1. 111001   39   01010111   110101   101011   2. 16   1

3. (1，3，5，7)   4. 脉冲 边沿

5. A A' 6. 稳 暂稳   7. 高阻

二、

1-5   BBADC   6-10   CABAC

三、

1. $Y_1 = A' + (BC)' + ABC = (ABC)' + ABC = 1$

2. 卡诺图如附图 A-31 所示 $Y_2 = D + BC$

四、

1. 真值表见附表 A-2。

$$Y = (A \oplus B + (BC')')'$$
$$= (A \oplus B)' \cdot BC'$$
$$= (AB + A'B') \cdot BC'$$
$$= ABC'$$

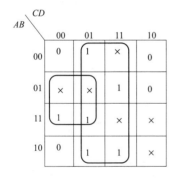

附图 A-31

附表 A-2

A	B	C	Y
0	0	0	0
0	0	1	0
0	1	0	0
0	1	1	0
1	0	0	0
1	0	1	0
1	1	0	1
1	1	1	0

2. 真值表见附表 A-3

$$Y = A \oplus B$$

3. 驱动方程

$$\begin{cases} J_1 = K_1 = Q_3' \\ J_2 = K_2 = Q_1 \\ J_3 = Q_2 Q_1, \quad K_3 = Q_3 \end{cases}$$

状态方程

$$\begin{cases} Q_1^* = Q_3' Q_1' + Q_3 Q_1 \\ Q_2^* = Q_2' Q_1 + Q_1' Q_2 = Q_1 \oplus Q_2 \\ Q_3^* = Q_3' Q_2 Q_1 \end{cases}$$

附表 A-3

A	B	Y
0	0	0
0	1	1
1	0	1
1	1	0

输出方程：$Y = Q_3$

状态转换图如附图 A-32 所示。

电路为五进制计数器，Y 为进位输出。

电路能够自启动。

4.（1）构成多谐振荡器。

（2）$T=(R_1+2R_2)C\ln 2$

（3）5 脚一般对地接－0.01μF 小电容，如附图 A-33 所示。

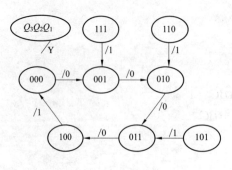

附图 A-32

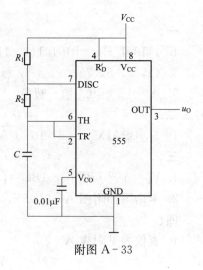

附图 A-33

五、

1. $Y=A'B'C+A'BC'+AB'C'+AB\cdot 0$

令 $D_0=C$，$D_1=D_2=C'$，$D_3=0$。

电路如附图 A-34 所示。

2. 设计电路如附图 A-35 所示。

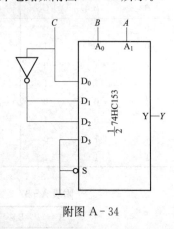

附图 A-34

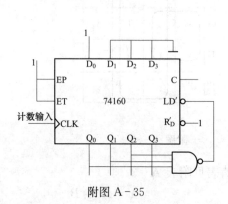

附图 A-35

3. 设计电路如附图 A-36 所示。

4. 解：

$Y_1=A'B'(C+C')+A'(B+B')C'$　　　　$Y_2=AB(C+C')+A(B+B')C$

$\quad=m_0+m_1+m_2$　　　　　　　　　　　$\quad=m_5+m_6+m_7$

$\quad=(Y_0'Y_1'Y_2')'$　　　　　　　　　　　　$\quad=(Y_5'Y_6'Y_7')'$

电路如附图 A-37 所示。

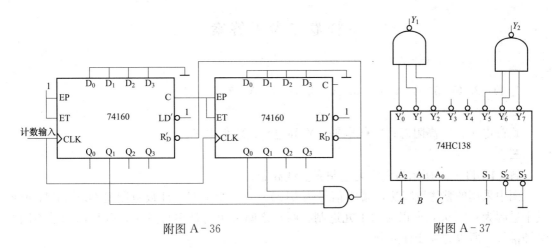

附图 A-36   附图 A-37

六、

1. 画法如附图 A-38 所示。

附图 A-38

2. 波形图如附图 A-39 所示。

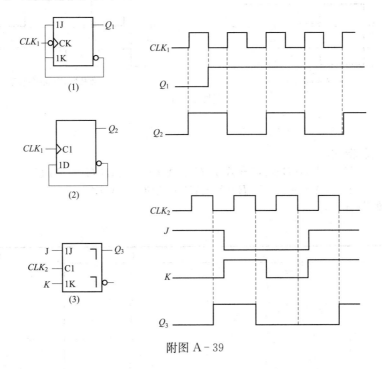

附图 A-39

样卷二参考答案

一、

1. D 2. C 3. B 4. C 5. A 6. B 7. A 8. C

二、

Y_1高电平；Y_2高阻态；Y_3低电平；Y_4高电平；Y_5低电平。

三、

解：图 11-13 所示为六十九进制异步计数器。

图中采用的整体置零法，置零信号为 01000101，即 45H，计数范围是 00～44H，换算成十进制为 00～68，所以为六十九进制。两片之间采用的是串行进位，两片用的是不同的时钟信号，所以为异步计数器。

四、

解：波形图如附图 A-40 所示。

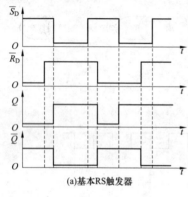 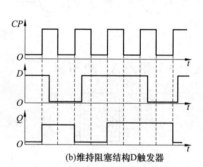

附图 A-40

五、

解：输出端逻辑式

$$Y_1 = A \oplus B \oplus C = A'B'C + A'BC' + AB'C' + ABC$$
$$Y_2 = AB + (A \oplus B)C = AB + ABC + A'BC$$

真值表见附表 A-4。

附表 A-4

A	B	C	Y_1	Y_2
0	0	0	0	0
0	0	1	1	0
0	1	0	1	0
0	1	1	0	1
1	0	0	1	0
1	0	1	0	1
1	1	0	0	1
1	1	1	1	1

电路实现的是全加器，A、B、C 分别是两个加数和来自低位的进位，Y_1 是和，Y_2 是向

高位的进位。

样卷三参考答案

一、

1. 解：$Y = A' + B + B'C + D = A' + B + C + D$

2. 解：$Y = AB + AC\ (1 + B')\ = AB + AC$

3. 解：卡诺图如附图 A-41 所示。

$$Y = A'D' + C'D' + ABD$$

4. 解：卡诺图如附图 A-42 所示。

$$Y = B'C'D' + ABC' + A'BC'D$$

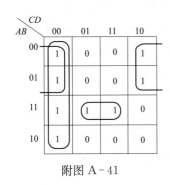
附图 A-41

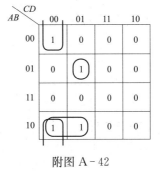
附图 A-42

二、

1. 解：

$$F = A'B'(BC) + A'B(BC) + AB'(BC)' + AB$$
$$= A'BC + AB' + AB$$
$$= A'BC + A$$
$$= A + BC$$

2. 74LS161 为十六进制计数器，附图 A-17 中采用的是整体置零法，计数范围为 00～43H，转换成十进制为 00～67，所以为六十八进制计数器，即最大计数模值为 68。

三、

解：$A_1 A_0 = 11$ 时，字线中只有 W_3 为高电平，$d_3 d_2 d_1 d_0 = 1110$，由于输出缓冲器的反相作用，则 $D_3 D_2 D_1 D_0 = 0001$。

四、

解：1.

$$I = \frac{V_{\text{REF}}}{R}$$

$$i_\Sigma = \frac{I}{2} d_3 + \frac{I}{4} d_2 + \frac{I}{8} d_1 + \frac{I}{16} d_0$$

$$u_O = -R_f i_\Sigma = -\frac{R_f}{R} V_{\text{REF}} \left(\frac{d_3}{2^1} + \frac{d_2}{2^2} + \frac{d_1}{2^3} + \frac{d_0}{2^4} \right)$$

$$= -\frac{V_{REF}}{2^4}(2^4 d_3 + 2^3 d_2 + 2^2 d_1 + 2^1 d_0)$$

2. $u_O = -10V$ 时，把 V_{REF} 代入上式可得 $d_3 d_2 d_1 d_0 = 1000$。

五、

解：电路为 555 定时器构成的施密特触发器。

$U_{T+} = \frac{2}{3}V_{CC}$，$U_{T-} = \frac{1}{3}V_{CC}$，$\Delta U_T = U_{T+} - U_{T-} = \frac{1}{3}V_{CC}$，波形如附图 A-43 所示。

六、

由附图 A-21 可知计数循环为 1~8，需用置数法，设计电路如附图 A-44 所示。

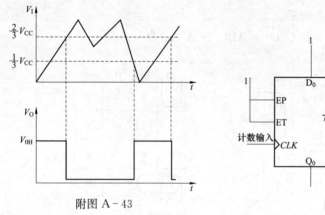

附图 A-43

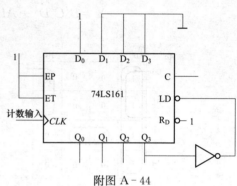

附图 A-44

样卷四参考答案

一、

1. B 2. A 3. D 4. B 5. C

二、

1. 137.32 95.40625 2. $C' + AB$ 3. 降低功耗并提高带负载能力 4. 双积分型 逐次逼近型

附表 A-5

B	C	D	Y
0	0	0	1
0	0	1	0
0	1	0	0
0	1	1	1
1	0	0	0
1	0	1	1
1	1	0	1
1	1	1	0

三、

1. 解：由于一片 3 线-8 线译码器只能实现三变量组合逻辑函数，而本题中有 4 个输入变量，所以先用译码器实现三变量校验器。真值表见附表 A-5。

$$Y = m_0 + m_3 + m_5 + m_6 = (Y'_0 Y_3 Y'_5 Y'_6)'$$

设 4 变量奇偶校验器的输出为 Z，根据题意和以上真值表可知，当 $A=0$ 时，$Z=Y$；当 $A=1$ 时，$Z=Y'$。可得 Z 与 A、Y 的关系式为 $Z = A \oplus Y$，逻辑图如附图 A-45 所示。

2. (1) $J = XY$，$K = (X+Y)'$

(2) $Q^* = JQ' + K'Q = XYQ' + XQ + YQ$

$P = X \oplus Y \oplus Q$

（3）根据上式，可得真值表见附表 A - 6。

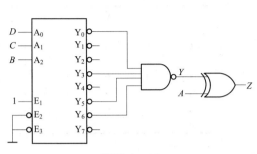

附图 A - 45

X	Y	Q	P	Q^*
0	0	0	0	0
0	0	1	1	0
0	1	0	1	0
0	1	1	0	1
1	0	0	1	0
1	0	1	0	1
1	1	0	0	1
1	1	1	1	1

附表 A - 6

电路的逻辑功能为时钟 CP 控制的全加器。每来一个时钟脉冲执行一次加法，P 为和，Q 为来自低位的进位，Q^* 为向高位的进位。

四、

解：根据题意，555 定时器应接成多谐振荡器，周期为 1s，555 的输出作为 161 的时钟输入。得原理图如附图 A - 46 所示。161 应接成七进制计数器，Q_2 驱动发光二极管。

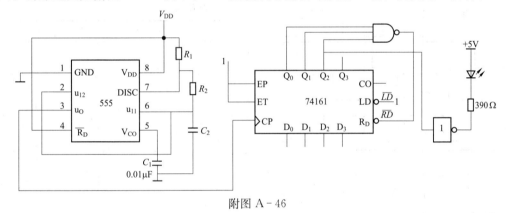

附图 A - 46

555 定时器输出信号的周期应为 1s，即

$$T = (R_1 + 2R_2)C_2 \ln 2 = 1$$

取 $C_2 = 10\mu F$，$R_1 = 47k\Omega$，由上式得 $R_2 = 49k\Omega$，实际 R_2 可取 $51k\Omega$ 的可变电阻。

样卷五参考答案

一、

解：

1. $Y_1(A, B, C) = ABC + A'B + ABC' = AB + A'B = B$

2. 卡诺图如附图 A - 47 所示。

$$Y_2(A, B, C, D) = C'D' + CD + A'C$$

3. 真值表见附表 A - 7。Y_1 和 Y_2 相等。

4. 触发器的特性方程为 $Q^* = JQ' + K'Q$，波形图如附图 A - 48 所示。

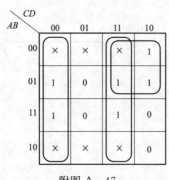

附图 A - 47

附表 A - 7

A	B	C	Y_1	Y_2
0	0	0	0	0
0	0	1	1	1
0	1	0	1	1
0	1	1	1	1
1	0	0	1	1
1	0	1	1	1
1	1	0	1	1
1	1	1	0	0

二、

解：根据题意，真值表见附表 A - 8。

Y_1 和 Y_2 的函数式如下。

$$Y_1 = D_2' D_1' D_0'$$
$$Y_2 = D_2' D_1 D_0 + D_2 D_1' D_0 + D_2 D_1 D_0'$$

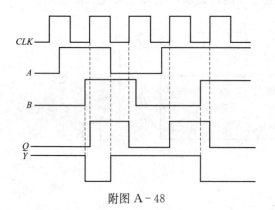

附图 A - 48

附表 A - 8

D_2	D_1	D_0	Y_1	Y_2
0	0	0	1	0
0	0	1	0	0
0	1	0	0	0
0	1	1	0	1
1	0	0	0	0
1	0	1	0	1
1	1	0	0	1
1	1	1	0	0

逻辑图如附图 A - 49 所示。

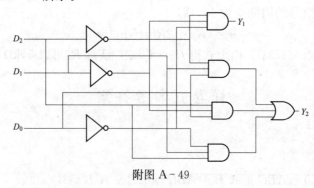

附图 A - 49

三、

解：

$$Z = A'B'C + ABC' + A'BC' + ABC$$

逻辑图如附图 A - 50 所示。

四、

解：

1. 驱动方程

$$\begin{cases} J_0 = Q_2', & K_0 = 1 \\ J_1 = Q_0, & K_1 = Q_0 \\ J_2 = Q_1 Q_0, & K_2 = 1 \end{cases}$$

输出方程：$Y = Q_2$

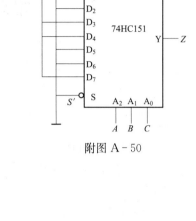

附图 A-50

2. 状态方程

$$\begin{cases} Q_0^* = J_0 Q_0' + K_0' Q_0 = Q_2' Q_0' \\ Q_1^* = J_1 Q_1' + K_1' Q_1 = Q_0 Q_1' + Q_0' Q_1 \\ Q_2^* = J_2 Q_2' + K_2' Q_2 = Q_2' Q_1 Q_0 \end{cases}$$

3. 状态转换表见附表 A-9。

4. 状态转换图如附图 A-51 所示。

附表 A-9

Q_2	Q_1	Q_0	Q_2^*	Q_1^*	Q_0^*	Y
0	0	0	0	0	1	0
0	0	1	0	1	0	0
0	1	0	0	1	1	0
0	1	1	1	0	0	0
1	0	0	0	0	0	1
1	0	1	0	1	0	1
1	1	0	0	1	0	1
1	1	1	0	0	0	1

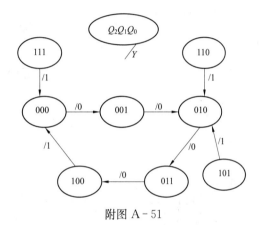

附图 A-51

5. 电路为 5 进制计数器，Y 为进位输出端，电路可以自启动。

五、

1. 状态转换图如附图 A-52 所示。

2. LD' 端逻辑式　$LD' = (Q_3 Q_1 Q_0)'$

3. 逻辑电路图如附图 A-53 所示。

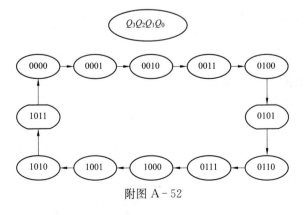

附图 A-52

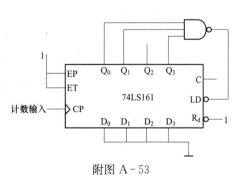

附图 A-53

附录 B　自测题答案

第一章

课　题　一

一、

1. $(11111011000)_2$　　2. $(33)_8$　　3. $(69)_{16}$　　4. $2^{15}-1=32767$

5. 8，3，2　　6. $A_4>A_1>A_3>A_2$

二、

1. $(661)_{10}$、$(295)_{16}$　　2. $(34)_{10}$、$(22)_{16}$　　3. $(100)_{10}$、$(1100100)_2$

4. $(2)_{10}$、$(10)_2$

课　题　二

一、

1. $(976)_{10}$　　2. $(796)_{10}$　　3. $(978)_{10}$　　4. $(284)_{10}$

二、

1. $(10101110)_G$　　2. $(11010111)_G$　　3. $(10111111)_G$　　4. $(10010111)_G$

三、

1. $(11001001)_2$　　2. $(10001100)_2$　　3. $(10010001)_2$　　4. $(11101101)_2$

四、

1. 1011111100、101010010111　　2. $A_2>A_5>A_3>A_1>A_4$　　3. 001000111001

4. 010010101000　　5. 1110000　　6. 01010101

五、

1. $(1479)_{10}$　　2. $(324)_{10}$　　3. $(21)_{10}$　$(01011)_2$　　4. $(120)_{10}$　　$(1111000)_2$

课　题　三

一、

1. 0，1　　2. 原，取反　　3. 原，取反，1　　4. 01101001，10010111

5. $A_1>A_2>A_4>A_3$　　6. 1000001，1111111　　7. 0101111，0101111

8. 1000011，1111101

二、

1. 01110011　　2. 10110101，绝对值为：1001011

3. 00101000　　4. 11000010，绝对值为：0111110

第二章

课　题　一

一、

1. 布尔，与、或、非　　2. 代入定理 、反演定理 、对偶定理

3. $(A+B)(A'+B')$，$(A'+B')(A+B)$　　4. 与非

5. $Y=A'B+AB'$，$Y=((A'B)'(AB')')'$，$(A+B)(A'+B')$，$(AB+A'B')'$

6. 0　　7. 高，低　　8. 互为对偶式　　9. 1　　10. 10

二、

1. ×　　2. √　　3. √　　4. ×　　5. √

三、

1. 1　　2. 1　　3. 0　　4. 0　　5. 1

四、

略

五、

1. $Y_1=A+CD+E$　　2. $Y_2=ACD+B'CD$　　3. $Y_3=AC+B$

4. $Y_4=A+B+C'+D$　　5. $Y_5=B'D'+C$　　6. $Y_6=ACD+B'CD$

课　题　二

一、

1. $M=m'$　　　　2. m_{10}、m_5、m_{13}　　　3. M_{10}、M_5、M_{15}

4. $A'B(C+D)'$，$A'BC'DD$ 5. 最小项 ，最大项　　6. 1，0

二、

1. $Y=A'BC+AB'C'+AB'C+ABC$；$Y=(A+B+C)(A+B+C')(A'+B'+C)(A+B'+C)$

2. $Y=A'B'C'+A'B'C+A'BC'+A'BC+AB'C+ABC'+ABC$；$Y=(A'+B+C)$

3. $Y=A'B'C'+A'BC'+AB'C'+ABC'$；
   $Y=(A+B+C')(A+B'+C')(A'+B+C)(A'+B'+C')$

4. $Y=A'B'C'D'+A'B'C'D+A'B'CD'+A'BCD'+AB'C'D+ABC'D'+ABC'D$
   $+ABCD'+ABCD$；
   $Y=(A+B+C'+D')(A+B'+C+D)(A+B'+C+D')(A+B'+C'+D')$
   $(A'+B+C+D)(A'+B+C'+D)(A'+B+C'+D')$

三、

1. (a) $Y_1=B'+C'$　　(b) $Y_2=AB+BC$

2. (a) $Y_1=AB+AC+BC$；$Y_2=A'B'C+A'BC'+AB'C'+ABC$

(b) $Y_3=A'B'C'+ABC$

(c) $Y_4=AB'+A'C+BC'$　$Y_4=A'B+AC'+B'C$　　(d) $Y_5=ABC'$

真值表分别见附表 B-1、附表 B-2、附表 B-3 和附表 B-4。

附表 B-1

A	B	C	Y_1	Y_2
0	0	0	0	0
0	0	1	0	1
0	1	0	0	1
0	1	1	1	0
1	0	0	0	1
1	0	1	1	0
1	1	0	1	0
1	1	1	1	1

附表 B-2

A	B	C	Y_3
0	0	0	1
0	0	1	0
0	1	0	0
0	1	1	0
1	0	0	0
1	0	1	0
1	1	0	0
1	1	1	1

附表 B-3

A	B	C	Y_4
0	0	0	0
0	0	1	1
0	1	0	1
0	1	1	1
1	0	0	1
1	0	1	1
1	1	0	1
1	1	1	0

附表 B-4

A	B	C	Y_5
0	0	0	0
0	0	1	0
0	1	0	0
0	1	1	0
1	0	0	0
1	0	1	0
1	1	0	1
1	1	1	0

课 题 三

一、

1. 逻辑电路，减少多余器件、降低成本 ，可靠性

2. 与；与，变量。或；或，变量

3. 2^n；相邻；几何   4. 多，少，少；整   5. 无关

二、

1. $Y_1 = 1$，卡诺图如附图 B-1（a）所示。

2. $Y_2 = B' + D'$，$Y_2' = BD$ 卡诺图如附图 B-1（b）所示。

3. $Y_3 = AC + BC + B'D' + A'BD$，卡诺图如附图 B-1（c）所示。

4. $Y_4 = D'$，卡诺图如附图 B-1（d）所示。

5. $Y_5 = B'D' + B'C + A'BC'D$，卡诺图如附图 B-1（e）所示。

6. $Y_6 = A'B + AD$，$Y_6' = A'B' + AD'$，卡诺图如附图 B-1（f）所示。

7. $Y_7 = (B' + D')(A' + C + D')$，$Y_7 = A'B' + B'C + D'$ 卡诺图如附图 B-1（g）所示。

8. $Y_8 = BC' + AC$，卡诺图如附图 B-1（h）所示。

9. $Y_9 = B'C' + D$，卡诺图如附图 B-1（i）所示。

10. $Y_{10} = B' + C'$，卡诺图如附图 B-1（j）所示。

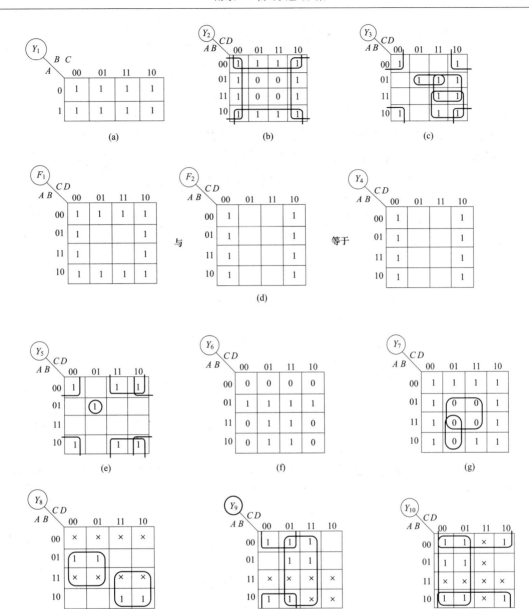

附图 B-1

三、

1. 有，约束项的编号为 m_{11}、m_{12}、m_{14}

2. $Y=A'B'C'+A'BC'+AB'C+ABC'$；$Y=((BC')'(A'C')'(AB'C)')'$

3. 有四种最简结果，分别为：

$Y_1=AB'+BC'+A'D+CD'$；　　$Y_2=A'B+AC'+B'D+CD'$；

$Y_3=AB'+BD'+A'C+C'D$；　　$Y_4=A'B+AD'+B'C+C'D$

4. $Y=AD'+B'D$；$Y=((AD')'(B'D')')'$；$Y=(A'B+D)'$

5. $Y=AD+BD$；$Y=((AD)'(BD)')'$

第三章

课 题 一

一、

1. 高电平、低电平和高阻状态　　2. $Y_1=(ABC)'+(DEF)'$，$Y_2=(A+B+C)'(D+E+F)'$

3. 异或门　　4. 与，高电平；或非，低电平；与非，高电平；异或，高电平

5. $Y=AB+A'C$　　6. OC门，TTL三态门　　7. CMOS传输门

二、

1. √　2. ×　3. √　4. ×　5. ×　6. ×

三、

1. C　2. B

四、

1. 连接方法如附图B-2所示。

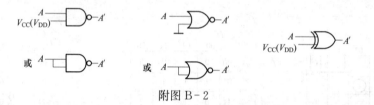

附图B-2

2. $Y_1=A'$，$Y_2=B'$，$Y_3=(A'+B')'$，$Y=((A'+B')')'=A'+B'=(AB)'$

3. 题图3-7（b）正确，题图3-7（a）、题图3-7（c）和题图3-7（d）的正确画法如附图B-3所示。

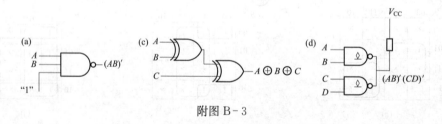

附图B-3

课 题 二

1. 0.95V，0.95V　　2. 6个　　3. 10个

课 题 三

1. （2）、（3）、（5）和（6）题所述电路输出端可以并联使用，（1）和（4）题所述电路输出端不可以并联使用。

小结：本题主要考察门电路的输出特性。对于一般的TTL、CMOS门电路而言，输出端不能直接相连实现线与，同时也不能直接接地或者直接接电源。带负载时输出高电平的拉电流和输出低电平的灌电流均受到一定的限制，其数值可以通过查阅相关的手册得到。对于TTL电路的OC门和漏极开路的CMOS门而言，则可以将输出端并联在一起实现线与，但

这种电路在使用时输出端必须外接电阻和电源。三态输出门也可以将输出端并联在一起，通过使能端的状态来选择其中的某个门工作。尽管输出端并联在一起，但在逻辑上而言不是逻辑与的关系，而是通过对使能端的控制，将不同门的输入/输出关系逐个反映在输出端上。

2. $0.59\text{k}\Omega \leqslant R_\text{L} \leqslant 20\text{k}\Omega$

第四章

课　题　一

一、

1. 组合逻辑电路、时序逻辑电路

2. 现时的输出取决于现时的输入，与电路原始状态无关

3. 或非

二、

1. 真值表见附表 B-5。

$Y_1 = ((A(AB)')'(B(AB)')')'$

　　$= A(AB)' + B(AB)'$

　　$= AB' + A'B = A \oplus B$

$Y_2 = AB$

附表 B-5

A	B	Y_1	Y_2
0	0	0	0
0	1	1	0
1	0	1	0
1	1	0	1

2. 异或，$Y = A \oplus B$

3. 真值表见附表 B-6。

$$Y = (((((ABC)'A)' \cdot ((ABC)'B)' \cdot ((ABC)'C)')')'$$
$$= ABC + A'B'C'$$

电路是求一致电路。

附表 B-6

输入变量			输出	输入变量			输出
A	B	C	Y	A	B	C	Y
0	0	0	1	1	0	0	0
0	0	1	0	1	0	1	0
0	1	0	0	1	1	0	0
0	1	1	0	1	1	1	1

课　题　二

1. 真值表见附表 B-7。

$$Y = m_0 + m_3 + m_5 + m_6 + m_7$$
$$= A'B'C' + A'BC + AB'C + ABC' + ABC$$
$$= AC + AB + BC + A'B'C'$$
$$= ((AC)' \cdot (AB)' \cdot (BC)' \cdot (A'B'C')')'$$

电路图如附图 B-4 所示。

附表 B - 7

输入变量			输出
A	B	C	Y
0	0	0	1
0	0	1	0
0	1	0	0
0	1	1	0
1	0	0	0
1	0	1	1
1	1	0	1
1	1	1	1

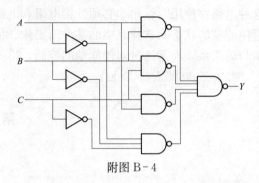

附图 B - 4

2. 真值表见附表 B - 8。

$$Y = m_5 + m_6 + m_7$$
$$= AB'C + ABC' + ABC$$
$$= ((AB)'(AC)')'$$

电路图如附图 B - 5 所示。

3. $Y = ((A(AB)')' \cdot (B(AB)')')'$

电路图如附图 B - 6 所示。

附表 B - 8

输入变量			输出
A	B	C	Y
0	0	0	0
0	0	1	0
0	1	0	0
0	1	1	0
1	0	0	0
1	0	1	1
1	1	0	1
1	1	1	1

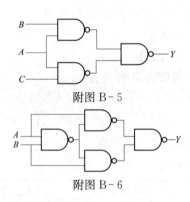

附图 B - 5

附图 B - 6

4. 真值表见附表 B - 9。

$$\begin{cases} M = A \oplus B \oplus C \\ N = AB + (A \oplus B)C \end{cases}$$

电路图如附图 B - 7 所示。

附表 B - 9

输入			输出	
A	B	C	M	N
0	0	0	0	0
0	0	1	1	0
0	1	0	1	0
0	1	1	0	1
1	0	0	1	0
1	0	1	0	1
1	1	0	0	1
1	1	1	1	1

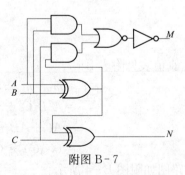

附图 B - 7

课　题　三

一、

1. 没有低位向本位的进位　2. 4　3. 32　4. 1110111111　5. $D_0 = D_2 = 0$，$D_1 = D_3 = 1$

二、

1. A　　2. B　　3. A

三、

1. $Y = A'B'C' + AB'C + ABC' + ABC$
$\quad = A'B'C' + AC + AB$

2. $Y = A'BC + AB'C + ABC' + ABC$

三人的多路表决器电路

3. 实现的功能见附表 B-10。

附表 B-10

M_2	M_1	F
0	0	AB
0	1	$A+B$
1	0	$A \oplus B$
1	1	A'

课　题　四

1. 设 A 为被减数，B 为减数，CI 为低位的借位，D 为差，CO 为向高位的借位。真值表见附表 B-11，逻辑电路图如附图 B-8 所示。

附表 B-11

A	B	CI	D	CO
0	0	0	0	0
0	0	1	1	1
0	1	0	1	1
0	1	1	0	1
1	0	0	1	0
1	0	1	0	0
1	1	0	0	0
1	1	1	1	1

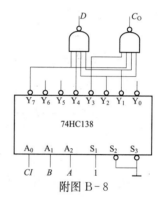

附图 B-8

2. 逻辑电路图如附图 B-9 所示。

3. 余 3 码 $Y_3 Y_2 Y_1 Y_0$ 和输入端 8421 码 $DCBA$ 之间始终相差 0011，即 $Y_3 Y_2 Y_1 Y_0 = DCBA + 0011$。逻辑电路图如附图 B-10 所示。

4. 原理：减去某个二进制数就是加上该数的反码并加"1"（即补码相加）。所以，两个 4 位二进制数 A、B 相减。应先将数 B 变成反码，再末位加 1，然后与数 A 相加。逻辑电路图如附图 B-11 所示。

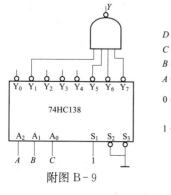

附图 B-9

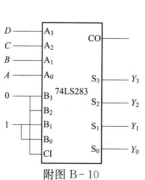

附图 B-10

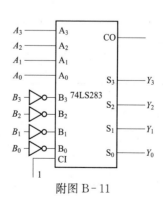

附图 B-11

5. $Y = A'B'C' + ABC = (Y_0'Y_7')'$，真值表见附表 B-12，逻辑电路图如附图 B-12 所示。

6. 设 A、B 为加数和被加数，CI 为低位向本位的进位，S 为本位和，CO 为本位向高位的进位。$A_1 = B$，$A_0 = CI$。真值表见附表 B-13，逻辑电路图如附图 B-13 所示。

附表 B-12

输入			输出
A	B	C	Y
0	0	0	1
0	0	1	0
0	1	0	0
0	1	1	0
1	0	0	0
1	0	1	0
1	1	0	0
1	1	1	1

附表 B-13

A	B	CI	S	CO
0	0	0	0	0
0	0	1	1	0
0	1	0	1	0
0	1	1	0	1
1	0	0	1	0
1	0	1	0	1
1	1	0	0	1
1	1	1	1	1

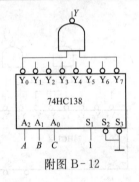

附图 B-12

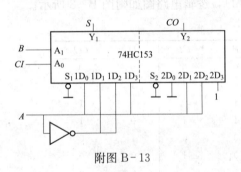

附图 B-13

7. 设三个按钮 A、B、C 按下为 1，不按为 0；令开锁信号为 M，锁开为 1，锁闭为 0；报警信号为 N，报警为 1，不报警为 0。真值表见附表 B-14，逻辑电路图如附图 B-14 所示。

附表 B-14

输入			输出	
A	B	C	M	N
0	0	0	1	0
0	0	1	0	1
0	1	0	0	1
0	1	1	0	1
1	0	0	0	1
1	1	0	1	0
1	1	1	1	0

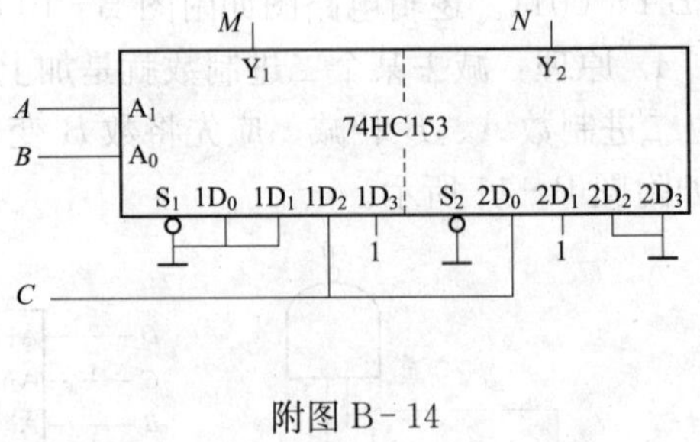

附图 B-14

第五章

课　题

一、

1. A　2. B　3. D　4. B　5. B　6. B　7. A　8. D　9. A

二、

1. 门电路，触发器　　2. 稳定，触发信号　　3. 1

4. 逻辑符号、特性方程、特性表，状态转换图　　5. SR、JK、D、T

6. $Q^* = JQ' + K'Q$　　7. 4　　8. $Q^* = TQ' + T'Q$

9. 电平触发、脉冲触发、边沿触发，边沿触发

三、

1. Q 和 Q' 的波形如附图 B-15 所示。

2. Q 和 Q' 的波形如附图 B-16 所示。

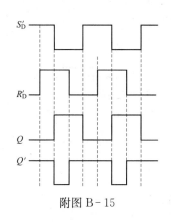

附图 B-15

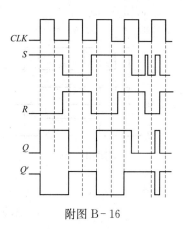

附图 B-16

3. Q 和 Q' 的波形如附图 B-17 所示。

4. Q 和 Q' 的波形如附图 B-18 所示。

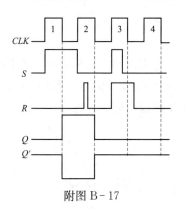

附图 B-17

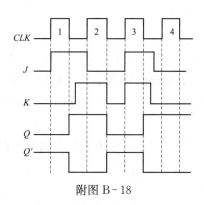

附图 B-18

5. Q 和 Q' 的波形如附图 B-19 所示。

6. Q 的波形如附图 B-20 所示。

7. 在时钟信号作用下，Q_0、Q_1 的波形如附图 B-21 所示。

8. 电路如附图 B-22 所示。

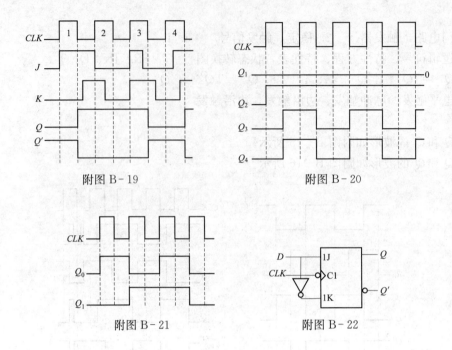

附图 B-19　　　　　　　　　　　附图 B-20

附图 B-21　　　　　　　　　附图 B-22

第六章

课　题　一

一、

1. A　　2. C

二、

1. 驱动方程、输出方程，状态方程　　2. 组合逻辑电路、存储电路，存储电路

3. 任一时刻电路的输出不仅仅取决于当时的输入信号，而且还与电路的原状态有关。

4. 穆尔型，米利型　　5. 电路中触发器的动作特点不同　　6. 2^n

三、

1. 电路的驱动方程、输出方程和状态方程分别为

$$\begin{cases} J_2 = Q_1 & K_2 = 1 \\ J_1 = Q_2' & K_1 = 1 \end{cases} \qquad Y = Q_2 \qquad \begin{cases} Q_2^* = Q_2' Q_1 \\ Q_1^* = Q_2' Q_1' \end{cases}$$

状态转换题图如附图 B-23 所示，该电路为一个三进制计数器，电路能够自启动。

2. 电路的驱动方程、输出方程和状态方程分别为

$$\begin{cases} D_2 = Q_1 \\ D_1 = X_2 \end{cases} \qquad Y = (XQ_2 Q_1')' \qquad \begin{cases} Q_2^* = Q_1 \\ Q_1^* = X \end{cases}$$

状态转换图如附图 B-24 所示。

3. 略

4. 略

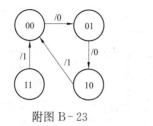

附图 B-23

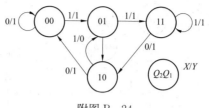

附图 B-24

课 题 二

一、

1. 4，3 2. 4

3. 在状态转换图中，如果有两个或两个以上的电路状态在相同的输入下有相同的输出，并且向同一个状态去转换。

4. 等价状态

二、

1. 该电路的输入变量为 X，代表输入串行序列，输出变量为 Z，表示检测结果。S_0 为初始状态，表示电路还没有收到 1 或连续的 1；S_1 表示电路收到了一个 1 的状态；S_2 表示电路收到了连续两个 1 的状态；S_3 表示电路收到了连续三个或三个以上 1 的状态。

由题意可知，电路的原始状态图如附图 B-25 所示。从图中可知 S_2，S_3 为等价状态，因此，进行状态化简后的状态转换图如附图 B-26（a）所示。

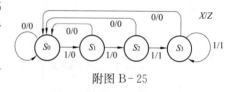

附图 B-25

该时序电路共有三个状态，由于 $M=3$，由公式 $2^{n-1}<M\leqslant 2^n$ 可知，$n=2$，采用两个 JK 触发器，取 $S_0=00$，$S_1=10$，$S_2=11$，则得到电路实际工作状态转换图如附图 B-26（b）所示。

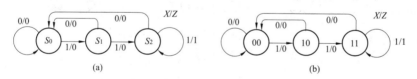

附图 B-26

电路次态/输出的卡诺图如附图 B-27 所示。

状态方程、输出方程和驱动方程分别为

$$Q_1^*=XQ_1'+XQ_1$$
$$Q_0^*=XQ_1Q_0'+XQ_0$$
，$Z=XQ_0$，$J_1=X$，$K_1=X'$
$J_0=XQ_1$，$K_0=X'$

将无效状态 01 代入状态方程和输出方程，得到完整的状态转换图如附图 B-28 所示，从而可知该电路能够自启动。

X \ Q_1Q_0	00	01	11	10
0	00/0	××/×	00/0	00/0
1	10/0	××/×	11/1	11/0

附图 B-27

根据驱动方程和输出方程画出如附图 B-29 所示的电路图。

2. 计数器的进位输出信号为 Y，当有进位输出信号时 $Y=1$，无进位输出信号时 $Y=0$。十进制计数器应有 10 个有效状态分别用 S_0、S_1、$\cdots$、S_9 表示，按题意可画出如附图 B-30 所示的原始状态转换图。

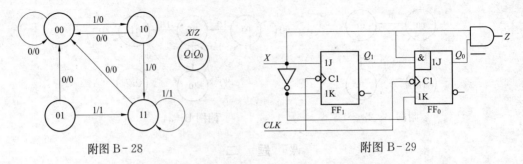

附图 B-28 附图 B-29

$M=10$，由公式 $2^{n-1}<M\leqslant 2^n$ 可知，需选择 $2^n>10$，即触发器个数 $n=4$。取 $0000\sim$ 1001 作为的 $S_0\sim S_9$ 的编码，电路的实际工作状态转换图如附图 B-31 所示。

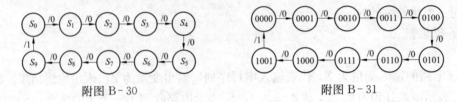

附图 B-30 附图 B-31

电路的次态/输出卡诺图如附图 B-32 所示，电路的状态方程、输出方程和各个触发器的驱动方程为

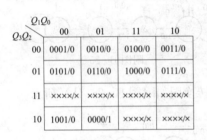

Q_3Q_2 \ Q_1Q_0	00	01	11	10
00	0001/0	0010/0	0100/0	0011/0
01	0101/0	0110/0	1000/0	0111/0
11	××××/×	××××/×	××××/×	××××/×
10	1001/0	0000/1	××××/×	××××/×

附图 B-32

$$\begin{cases} Q_3^* = Q_3'Q_2Q_1Q_0 + Q_3Q_1'Q_0' \\ Q_2^* = Q_2'Q_1Q_0 + (Q_1Q_0)'Q_2, \ Y=Q_0Q_3, \\ Q_1^* = Q_3'Q_1'Q_0 + Q_0'Q_1 \\ Q_0^* = Q_0' \end{cases}$$

$$\begin{cases} J_3 = Q_2Q_1Q_0, \quad K_3 = Q_1 + Q_0 \\ J_2 = Q_1Q_0, \quad K_2 = Q_1Q_0 \\ J_1 = Q_3'Q_0, \quad K_1 = Q_0 \\ J_0 = 1, \quad K_0 = 1 \end{cases}$$

将 6 个无效状态 1010、1011、1100、1101、1110 和 1111 分别代入状态方程中，所得到的次态为 0011、0100、1101、0100、0111 和 0000，故电路能够自启动。计数器的逻辑图略。

3. 四进制计数器应有 4 个有效状态分别用 S_0、S_1、S_2、S_3 表示。因为 $M=4$，由公式 $2^{n-1}<M\leqslant 2^n$ 可知，触发器的个数 $n=2$。取 00、01、10、11 作为 $S_0\sim S_3$ 的编码，电路的实际工作的状态转换图如附图 B-33（a）所示，次态/输出卡诺图如附图 B-33（b）所示。

电路的状态方程、输出方程和驱动方程分别为

$$\begin{cases} Q_1^* = XQ_1'Q_0' + (Q_0'X)'Q_1 \\ Q_0^* = X \oplus Q_0 \end{cases}$$

$$Z = XQ_0'Q_1'$$

$$\begin{cases} J_1 = XQ_0', \quad K_1 = XQ_0' \\ J_0 = X, \quad K_0 = X \end{cases}$$

电路的逻辑图略。

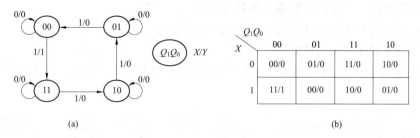

附图 B-33

课 题 三

一、

1. B   2. A   3. A   4. A   5. B

二、

1. 100010011010111

2. 电路为 5 分频电路，状态转换表如附表 B-15 所示。

附表 B-15　　　　　　　　　　　　　电路的状态转换表

CLK	D_{IR}	Q_0	Q_1	Q_2	Q_3
0	1	0	0	0	0
1	1	1	0	0	0
2	1	1	1	0	0
3	0	1	1	1	0
4	0	0	1	1	1
5	1	0	0	1	1
6	1	1	0	0	1
7	1	1	1	0	0

课 题 四

1. 电路的状态转换图如附图 B-34 所示，该电路为十一进制计数器。

2. 该电路为六进制计数器，电路的状态转换图如附图 B-35 所示。

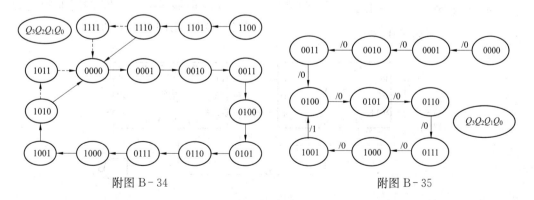

附图 B-34　　　　　　　　　　　　　　附图 B-35

3. 该电路当 $A=1$ 时，为六进制计数器；当 $A=0$ 时，为七进制计数器。

4. 该电路为八十二进制计数器，两片之间是十六进制。

5. 该电路是四十进制的计数器，两片之间是十进制。

6. 该电路为七进制加法计数器。

7. 题图 6 - 22（a）所示电路为五进制计数器；题图 6 - 22（b）所示电路为十进制计数器。

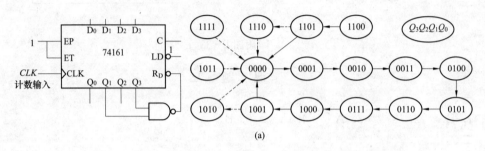

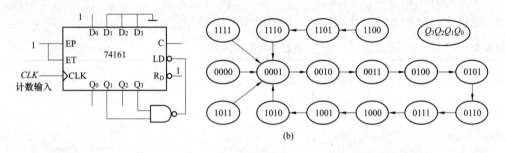

附图 B - 36

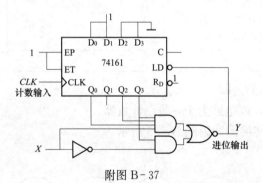

附图 B - 37

8. 两种方法实现十进制计数器的电路及对应的全状态转换图，分别如附图 B - 36（a）和附图 B - 36（b）所示。

9. 当输入控制变量 $X = 0$ 时为六进制计数器；当 $X = 1$ 时为十一进制计数器的可控进制计数器电路如附图 B - 37 所示。

10. 能够显示 00～23 的同步 24 进制计数器电路如附图 B - 38 所示。

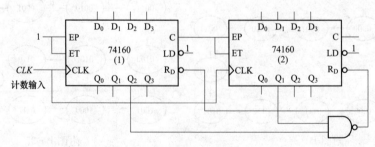

附图 B - 38

第七章

课　题　一

一、

1. D　2. B

二、

1. ROM　RAM　　2. 9　4　　3. 16

三、

1. 本题需进行字扩展，需要 4 片 8×4 位的 RAM，逻辑图如附图 B-39 所示。

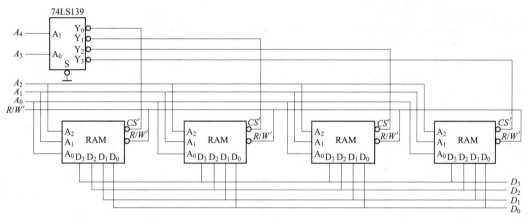

附图 B-39

2. 本题需同时进行字扩展和位扩展，逻辑图如附图 B-40 所示。

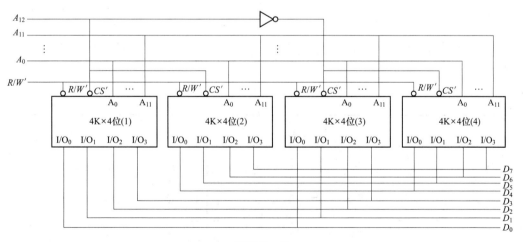

附图 B-40

先用片（1）和片（2）、片（3）和片（4）按位扩展法分别构成两个 4K×8 位的存储器，再按字扩展法构成 8K×8 位的存储器。由于只需增加一根地址线，只用一个非门即可，不再用地址译码芯片。

课 题 二

1. 解：

$$Y_1 = A'B'C + A'BC' + AB'C + ABC = B'C + AC + A'B'C$$
$$Y_2 = A'B'C' + A'BC + AB'C' + ABC' = B'C' + AC' + A'BC$$
$$Y_3 = A'B'C + AB'C + ABC' = B'C + ABC'$$

2. 根据题意，该电路需要 5 个输入，4 个输出。因此所需 ROM 应有 5 根地址线，4 根数据线。令转换方向控制位 C 连至地址线最高位，待转换的代码由 $X_3 X_2 X_1 X_0$ 输入，转换后的代码由 $Y_3 Y_2 Y_1 Y_0$ 输出。ROM 中应存储的内容见附表 B-16。该 ROM 的容量至少为 $2^5 \times 4$ 位。转换电路如附图 B-41 所示。

附表 B-16

控制位 C	输入 格雷码				输出 二进制自然码				控制位 C	输入 二进制自然码				输出 格雷码			
C	X_3	X_2	X_1	X_0	Y_3	Y_2	Y_1	Y_0	C	X_3	X_2	X_1	X_0	Y_3	Y_2	Y_1	Y_0
0	0	0	0	0	0	0	0	0	1	0	0	0	0	0	0	0	0
0	0	0	0	1	0	0	0	1	1	0	0	0	1	0	0	0	1
0	0	0	1	1	0	0	1	0	1	0	0	1	0	0	0	1	1
0	0	0	1	0	0	0	1	1	1	0	0	1	1	0	0	1	0
0	0	1	1	0	0	1	0	0	1	0	1	0	0	0	1	1	0
0	0	1	1	1	0	1	0	1	1	0	1	0	1	0	1	1	1
0	0	1	0	1	0	1	1	0	1	0	1	1	0	0	1	0	1
0	0	1	0	0	0	1	1	1	1	0	1	1	1	0	1	0	0
0	1	1	0	0	1	0	0	0	1	1	0	0	0	1	1	0	0
0	1	1	0	1	1	0	0	1	1	1	0	0	1	1	1	0	1
0	1	1	1	1	1	0	1	0	1	1	0	1	0	1	1	1	1
0	1	1	1	0	1	0	1	1	1	1	0	1	1	1	1	1	0
0	1	0	1	0	1	1	0	0	1	1	1	0	0	1	0	1	0
0	1	0	1	1	1	1	0	1	1	1	1	0	1	1	0	1	1
0	1	0	0	1	1	1	1	0	1	1	1	1	0	1	0	0	1
0	1	0	0	0	1	1	1	1	1	1	1	1	1	1	0	0	0

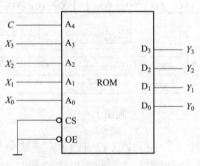

附图 B-41

第八章

课　题　一

一、

1. A　　2. C　　3. D　　4. A

二、

1. PLD 的种类主要有可编程阵列逻辑 PAL、通用阵列逻辑 GAL、复杂可编程逻辑器件 CPLD 和现场可编程门阵列 FPGA。

　　共同特点是 PLD 一般都由可编程的与-或阵列、输入电路和输出电路组成。与-或阵列是它的基本部分，通过对与阵列、或阵列的编程实现所需的逻辑功能。输入电路由输入缓冲器组成，通过它可以得到驱动能力强并且互补的输入信号送到与阵列。输出电路主要分为组合和时序两种方式，组合方式的输出经过三态门，时序方式的输出经过寄存器和三态门。

2. FPGA 是基于 SRAM 的架构，集成度高，也可配置逻辑块 CLB（包括查找表、触发器等）为基本单元，有内嵌 Memory、DSP 等，支持的 IO 标准丰富。大部分 FPGA 具有易失性，需要有上电加载过程。在实现复杂算法、队列调度、数据处理、高性能设计、大容量缓存设计等领域中有广泛应用。

　　CPLD 基于 E^2PROM 工艺，集成度相对较低，以宏单元（包括组合逻辑与寄存器等）为基本单元。具有非易失性，可以重复写入。在组合逻辑、地址译码、简单控制等设计中有广泛应用。具体来说，选择时可以参考以下几点。

（1）CPLD 更适合完成各种算法和组合逻辑，FPGA 更适合于完成时序逻辑。

（2）CPLD 的时序延迟是均匀的和可预测的，而 FPGA 的延迟是不可预测的。

（3）CPLD 保密性好，FPGA 保密性差。

（4）一般情况下，CPLD 的功耗要比 FPGA 大，且集成度越高越明显。

3. 边界扫描测试简称为 BST（Boundary Scan Testing），是为了有效地进行大规模集成电路的在板测试而由联合测试行动组织（JTAG, Joint Test Action Group）提出来的一种新型测试技术。其主要好处是它能够把印制板测试问题转换成为软件容易执行的构造好的有效方案。JTAG 标准定义了用来执行互联测试的指令和内部自测试的程序。专门扩充的标准允许执行维修和诊断应用及编程重新配置的算法。

　　JTAG 标准规定了 4 个引脚：TMS—编程模式控制；TCK—编程时钟；TDI—编程数据输入；TDO—编程数据输出。

4. 在系统可编程技术不需要专门的编程器，只需将计算机运行产生的编程数据直接写入 PLD 即可，给 PLD 器件的调试和软件升级带来了极大方便。

课　题　二

一、

1. VHDL　　Verilog HDL

2. 注释、间隔符、标识符、操作符、数值、字符串和关键字等（写出其中 6 种）。

二、

1. 硬件描述语言有许多突出的优点：

（1）语言与工艺的无关性，可以使设计者在系统设计、逻辑验证阶段便可确立方案的可行性；

（2）语言的公开可利用性，使它们便于实现大规模系统的设计；

（3）硬件描述语言具有很强的逻辑描述和仿真功能，而且输入效率高，在不同的设计输入库之间转换非常方便。

2. 在 HDL 的建模中，主要有结构化描述方式、数据流描述方式和行为描述方式。

3. Verilog HDL 中规定的四种基本逻辑值：0——逻辑 0 或假状态；1——逻辑 1 或真状态；X（或 x）——逻辑不定态；Z（或 z）——高阻态。

4. Verilog HDL 主要包括两种数据类型：线网类型和寄存器类型。

wire 型变量的定义格式如下：

wire $[n-1:0]$ 变量名 1，变量名 2，…，变量名 n。

reg 类型定义语法如下：

reg $[n-1:0]$ 变量名 1，变量名 2，…，变量名 n。

5. 一般一段完整的 Verilog HDL 程序主要由以下几部分组成：

第一部分是注释部分，主要用于简要介绍设计的各种基本信息，如该段代码中的主要功能、设计工程师、完成的日期及版本等。

第二部分是模块定义行，这一行以 module 开头，然后是模块名和端口列表，标志着后面的代码是设计的描述部分。

第三部分是端口类型和数据类型的说明部分，用于端口、数据类型和参数的定义等。

第四部分是描述的主体部分，对设计的模块进行描述，实现设计要求。

第五部分是结束行，就是用关键词 endmodule 表示模块定义的结束。

第九章

课　题　一

一、

1. B　　2. D　　3. A　　4. B

二、

1. 两　　2. 波形变换，脉冲整形，脉冲鉴幅　　3. 10V，5V，5V

4. 6V，3V，3V

三、

1. 输出电压的波形，电压传输特性曲线如附图 B-42 所示。

2. 电路图参考图 9-1。

3. 电压传输特性曲线如附图 B-43 所示。

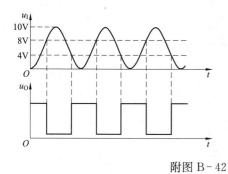

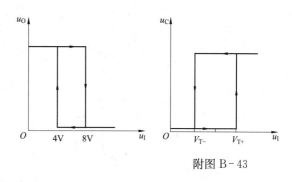

附图 B-42　　　　　　　　　　　　　　　　附图 B-43

课 题 二

一、

1. B　　2. C　　3. A　　4. C　　5. A

二、

1. 2，稳态，暂稳态　　2. 稳态，暂稳态，暂稳态，稳态

3. 可重复触发，不可重复触发　　4. 延时，定时

三、

1.（1）由 555 定时器构成的单稳态触发器。

（2）电路的低电平触发电压值（u_I 输入电压值）分别为 3V、2V、1.67V。高电平电压值为 6V、4V、3.33V（电容充电终止电压值）。

2. $t_W = 1.1RC = 1.1 \times 15 \times 10^3 \times 0.047 \times 10^{-6} = 0.78 \text{ms}$

3. $C = \dfrac{t_W}{1.1R} = \dfrac{3}{1.1 \times 15 \times 10^3} = 182 \mu\text{F}$

4. $t_W = RC\ln 2 = 0.69 \times 51 \times 10^3 \times 0.01 \times 10^{-6} = 0.35 \text{ms}$

$V_{om} \approx V_{DD} = 10\text{V}$

课 题 三

一、

1. C　　2. A　　3. A　　4. B　　5. C

二、

1. 2，产生　　2. 石英晶体　　3. 矩形　　4. 正比

三、

1. $T = 0.69(R_1 + 2R_2)C = 0.69 \times (15 + 40) \times 10^3 \times 0.01 \times 10^{-6} = 379.5 \mu\text{s}$

$f = \dfrac{1}{T} = 2.635 \text{kHz}$

u_C 和 u_O 的波形如附图 B-44 所示。

2. 电路图参考图 9-13。

$$q = \frac{R_1 + R_2}{R_1 + 2R_2} \longrightarrow 2R_1 = R_2$$

$$f = \frac{1}{0.69(R_1 + 2R_2)C} \longrightarrow 50 = \frac{1}{0.69(R_1 + 2R_2) \times 0.22 \times 10^{-6}}$$

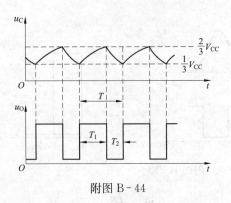

附图 B-44

得到：$R_1 = 27\text{k}\Omega$　　　$R_2 = 54\text{k}\Omega$

3. $T = 2R_F C \ln \dfrac{V_{OH} - V_{IK}}{V_{OH} - V_{TH}} \approx 1.3 R_F C = 1.3\text{ms}$

$f = \dfrac{1}{T} = 7.69\text{kHz}$

第十章

课题一

一、

1. B　　2. A　　3. B　　4. C

二、

1. D/A 转换器　　2. 正比，之差

三、

1. $u_o = -\dfrac{R_F V_{REF}}{2^n R} D_n = -\dfrac{20 \times 5}{2^4 \times 10}(2^3 + 2^1) = -6.25\text{V}$

2. 最小的分辨电压　$V_{omin} = \dfrac{V_{omax}}{2^n - 1} = \dfrac{5}{2^{10} - 1} = 4.89\text{mV}$

分辨率 $= \dfrac{1}{2^n - 1} = \dfrac{1}{2^{10} - 1} = 9.8 \times 10^{-4}$

3. V_{REF} 的相对稳定度应　$\dfrac{|\Delta V_{REF}|}{|V_{REF}|} \leqslant \dfrac{1}{2^{n+1}} = \dfrac{1}{2^{13}} = 0.122\%$；

允许 V_{REF} 波动的范围　$|\Delta V_{REF}| \leqslant \dfrac{|V_{REF}|}{2^{n+1}} = \dfrac{10}{2^{13}} = 1.22\text{mV}$

4. 转换误差主要指静态误差，它包括非线性误差、比例系数误差和失调误差。

非线性误差是由电子开关的导通压降和电阻网络电阻阻值的偏差产生的，常用满刻度的百分数表示。

比例系数误差是由参考电压 V_{REF} 偏离规定值引起的，也用满刻度的百分数表示。

失调误差是由运算放大器零点漂移产生的。

课 题 二

一、

1. 量化，编码   2. 模拟，数字

3. 双积分型 A/D 转换器，逐次渐近型 A/D 转换器   4. 分辨率

二、

1. A   2. A   3. B

三、

1. 分辨率 $==\dfrac{1}{2^n}FSR=\dfrac{1}{2^{12}}\times10=2.44mV$

2. 由于模拟电压是连续的，那么不可能所有的电压都能被量化单位 Δ 整除，所以量化过程不可避免地会引入误差，这种误差就叫作量化误差。量化误差属于原理性误差，无法消除。

3. 并联比较型 A/D 转换器是目前所有 A/D 转换器中转换速度最快的一种，但是所用的电路规模庞大，所以并联比较型电路只用在超高速的 A/D 转换器当中。

逐次渐近型 A/D 转换器虽然速度不及并联比较型快，但较之其他类型电路的转换速度又快得多，同时电路规模比并联比较型电路小得多，因此逐次渐近型电路在集成 A/D 转换器产品中用得最多。

双积分型 A/D 转换器的转换速度很低，但它的电路结构简单，性能稳定可靠，抗干扰能力较强，所以在各种低速系统中得到广泛应用。

参 考 文 献

[1] 高观望. 数字电子技术基础 [M]. 北京：中国电力出版社，2015.

[2] 阎石. 数字电技术基础 [M]. 5 版. 北京：高等教育出版社，2005.

[3] 马俊兴. 数字电子计数 [M]. 北京：科学出版社，2005.

[4] 唐颖，陈新民. 数字电子技术及实训 [M]. 杭州：浙江大学出版社，2007.

[5] 韩伟. 数字电子技术及其应用 [M]. 北京：国防工业出版社，2005.

[6] 侯建军. 数字电子技术基础 [M]. 北京：高等教育出版社，2003.

[7] 张克农，段正军. 数字电子技术基础学习指导与解题指南 [M]. 北京：高等教育出版社，2004.

[8] 侯建军. 数字电子技术基础重点、难点、解题、试题 [M]. 北京：高等教育出版社，2005.

[9] 李忠发. 电子技术学习指导与习题解答 [M]. 北京：中国水利出版社. 2005.

[10] 龙忠琪，龙胜春. 数字电路考研试题精选详解及点评 [M]. 北京：科学出版社，2003.